“十四五”时期水利类专业重点建设教材（职业教育）

水利工程施工

主　编　王春雨　李佳民　袁　峰

·北京·

内 容 提 要

《水利工程施工》是一本专门针对中职水利工程专业学生的教材，旨在让学生掌握水利工程施工的基本知识和技能，以适应未来职业需求。本书分为9个项目，主要内容包括绪论、土石基础知识、土石工程施工、混凝土工程施工、爆破工程施工、基础工程施工、施工导流、施工管理、施工组织、施工监理等。

本书既可作为中等职业教育水利水电工程施工专业及专业群的教材，也可作为水利工程施工员、水利工程施工内业员等水利行业培训教材，同时还可供建筑企业有关施工技术人员和管理人员参考使用。

图书在版编目（CIP）数据

水利工程施工 / 王春雨，李佳民，袁峰主编. -- 北京：中国水利水电出版社，2023.7
"十四五"时期水利类专业重点建设教材. 职业教育
ISBN 978-7-5226-1625-4

Ⅰ. ①水… Ⅱ. ①王… ②李… ③袁… Ⅲ. ①水利工程－工程施工－高等职业教育－教材 Ⅳ. ①TV5

中国国家版本馆CIP数据核字(2023)第129019号

书　　名	"十四五"时期水利类专业重点建设教材（职业教育） **水利工程施工** SHUILI GONGCHENG SHIGONG
作　　者	主编　王春雨　李佳民　袁　峰
出版发行	中国水利水电出版社 （北京市海淀区玉渊潭南路1号D座　100038） 网址：www.waterpub.com.cn E-mail：sales@mwr.gov.cn 电话：（010）68545888（营销中心）
经　　售	北京科水图书销售有限公司 电话：（010）68545874、63202643 全国各地新华书店和相关出版物销售网点
排　　版	中国水利水电出版社微机排版中心
印　　刷	天津嘉恒印务有限公司
规　　格	184mm×260mm　16开本　11印张　268千字
版　　次	2023年7月第1版　2023年7月第1次印刷
印　　数	0001—2000册
定　　价	**39.50**元

前言

本书在总结水利水电工程施工技术与组织管理新理论、新方法、新设备和新工艺的基础上，增加了相关施工规程规范的运用。结合中职学生的特点和知识层面，针对学生知识基础薄弱、思考不够深入，还必须遵循逐步逐层深入细致的渐进式认知的规律，又考虑到水利工程施工周期长、投资多、规模大、工程结构复杂、涉及工种多、影响因素多等特点，编者从基础入手，首先介绍材料特点，进而从材料本身性质特点出发，探索何种施工方法适用于材料本身，使学生明白采用某种工艺进行工程施工的原因，并且力求使学生自己总结出施工中的注意事项，避免在施工中违规操作。

本书按照水利水电工程施工各工序的内在联系，结合水利工程施工的特点，将教学内容分为土石工程施工、混凝土工程施工、爆破工程施工、基础工程施工、施工导流等几大基础部分，同时还包含了施工管理、施工组织、施工监理等施工规范性内容。

本书从实际出发，通俗易懂，语言平实，在理论讲解的同时，引用了近年来一些著名工程的实例，使学生在学习过程中能够更好地理解所学知识。

本书由黑龙江省水利学校王春雨、黑龙江省大庆地区防洪工程管理中心李佳民、黑龙江省水利学校袁峰任主编，黑龙江省庆达水利水电工程有限公司潘洪健、黑龙江省庆达水利水电工程有限公司李德成、大庆油田水务公司许成君、黑龙江省大庆地区防洪工程管理中心杨平、黑龙江省水利学校于凤梅任副主编，黑龙江省水利学校王洪利、黑龙江省水利学校刘新宇、黑龙江省八一农垦大学姜微、黑龙江省水利学校王立霞任参编。本书在编写过程中，参阅了许多同行专家编著的教材和资料，在此向编著者致以衷心的感谢！

由于编者水平有限，书中难免有不妥之处，敬请读者斧正。

编者

2023 年 5 月

目 录

绪 论

“水利工程施工”是一门理论与实践紧密结合的专业课。它是在总结国内外水利水电建设先进经验的基础上，从施工机械、施工技术、施工组织与管理等方面，研究又好又快地进行水利水电建设基本规律的一门科学。

1. 水利工程施工的任务和特点

(1) 水利工程施工的主要任务可归纳如下：

1) 依据设计、合同任务和有关部门的要求，根据工程所在地区的自然条件，当地社会经济状况，设备、材料和人力等的供应情况以及工程特点，编制切实可行的施工组织设计。

2) 按照施工组织设计，做好施工准备，加强施工管理，有计划地组织施工，保证施工质量，合理使用建设资金，多快好省地全面完成施工任务。

3) 在施工过程中开展观测、试验和研究工作，促进水利水电建设科学技术的发展。

(2) 水利工程施工的特点，突出反映在水流控制上。

2. 我国水利工程施工的成就与展望

在我国历史上，水利建设成就卓著。公元前 250 年以前修建的四川都江堰水利工程，按“乘势利导，因时制宜”的原则，发挥了防洪和灌溉的巨大效益。用现代系统工程的观点来分析，该工程在结构布局、施工措施、维修管理制度等方面都是相当成功的。此外，在截流堵口工程中所使用的多种施工技术至今还为各地工程所沿用。

中华人民共和国成立以后，在党和政府的正确领导下，我国的水利水电事业取得了辉煌的成就；有计划有步骤地开展了大江大河的综合治理，修建了一大批综合利用的水利枢纽工程和大型水电站，建成了一些大型灌区和机电灌区，中小型水利水电工程也得到了蓬勃的发展。

随着水利水电事业的发展，施工机械的装备能力迅速增长，已经具有实现高强度快速施工的能力；施工技术水平不断地提高，进行了长江、黄河等大江大河的截流，采用了很多施工的新技术、新工艺；土石坝工程、混凝土坝工程和地下工程的综合机械化组织管理水平逐步提高。水利施工科学的发展，为水利水电事业展示出一片广阔的前景。

在取得巨大成就的同时，我国的水利水电建设也付出过沉重的代价。如违反基本建设的程序、不遵循施工的科学规律、不按照经济规律办事等，使水利水电建设事业遭受了相当大的损失。我国目前大容量高效率多功能的施工机械，其通用化、系列化、自动化的程度还不高，利用并不充分；新技术、新工艺的研究推广和使用不够普遍；施工组织管理水平不高；各种施工规范、规章制度、定额法规等的基础工作比较薄弱；就水利工程施工技术管理工作的基本现状来看，其在实际管理工作中还存在着较多的问题，需要继续优化。

为了实现我国经济建设的战略目标，加快水利水电建设的步伐，必须认真总结过去的经验和教训，在学习和引进国外先进技术、科学管理方法的同时，发扬自力更生、艰苦创业的精神，走出一条适合我国国情的水利水电工程施工科学技术的发展道路。

3. 水利工程施工组织与管理的基本原则

总结经验，水利工程施工组织与管理方面必须遵循以下的主要原则：

(1) 全面地贯彻多快好省的施工原则。在工程建设中应该根据需要和可能，尽快地完成优质、高产、低消耗的工程，任何片面强调某一个方面而忽视另一个方面的做法都是错误的，都会造成不良的后果。

(2) 按基本建设程序办事。

(3) 按系统工程的原则合理组织工程施工。

(4) 实行科学管理。

(5) 一切从实际出发遵从施工的科学规律。

(6) 做好人力物力的综合平衡，连续、有节奏地施工。

4. 本书的主要内容和特点

“水利工程施工”课程是一门实践性综合性很强的专业课。根据这一特点，本书着重阐述水利水电工程及其有代表性的水工建筑物的施工程序、施工方案、施工方法和施工组织管理等方面的基本原理。

(1) 土石工程施工和混凝土工程施工两个项目是从材料角度出发，教授施工工艺，同时列举了在几种水工建筑物施工中的应用实例。

(2) 爆破工程施工和基础工程施工两个项目，由于和水利水电枢纽工程、各单项工程的施工都有联系，故集中阐明其原理和方法，至于它们的应用，则应与具体的工程对象联系起来进行考虑。

(3) 本书选取了常见的具有代表性的水工建筑物，通过对这些建筑物的施工介绍，举一反三，以说明各类单项施工工程的特点、原理和方法。

(4) 施工导流这一项目是以整个枢纽工程为对象，介绍枢纽工程的施工程序的基本内容和要求；施工导流也是本书的核心内容之一。

本书以阐述施工技术、施工组织管理的基本原则和基本方法为主，对于施工机械，由于学时和篇幅的限制，仅结合施工技术、施工方案的论述做适当介绍。

根据本书的内容和特点，学习时应着眼于掌握基本概念、基本原理、基本方法，并配合生产实习、课堂作业、视频教学等其他教学环节来运用所学的知识，这样才能有效地掌握“水利工程施工”课程的内容。

项目 1

土石基础知识

土石材料是日常生活中最常遇见的工程材料，几乎所有的水利工程都与土石材料有关。其因造价相对较低、储量丰富，故被广泛采用于工程建设中。本项目首先分别介绍土、石材料的特点及其各项评价指标，后续课程再从实际出发，讲解常见的土石工程施工工艺。

任务 1.1　土的工程分类与性质

1.1.1　土的组成

土是风化的产物，是由固体颗粒、水和空气组成的三相体系。在外力作用下，土体并不显示为一般固体的特性，也不表现为一般液体的特性，因此，土的工程性质既有别于固体力学，也有别于液体力学。

自然界中存在的土，都是由大小不同的土粒组成的。土粒的粒径由粗到细逐渐变化时，土的性质也相应地发生变化。例如，土的性质随着粒径的变细，可由无黏性变化到有黏性。因此可以将土中各种不同粒径的土粒，按适当的粒径范围分为若干组，各个粒组随着分界尺寸的不同而呈现一定质的变化，划分粒组的分界尺寸称为界限粒径。

目前我国常用的土粒粒组划分方法，按照界限粒径的大小，将土粒分为六个组：漂石（块石）（＞200mm）、卵石（碎石）（60～200mm）、圆砾（角砾）（2～60mm）砂粒（0.075～2mm）、粉粒（0.005～0.075mm）和黏粒（＜0.005mm）（注：漂石、卵石、圆砾为磨圆形状、圆形或亚圆形）。

土中土粒的大小及其组成情况，通常以土中各个粒组的相对含量来表示，称为土的颗粒级配。

分析土中的颗粒级配情况，通常用筛分法与水分法两种方法。

筛分法适用于粒径大于 0.075mm 的粗颗粒。如果粒径小于 0.075mm，可以采用水分法测出土颗粒的含量，然后画出颗粒的级配曲线。如果级配曲线平缓，表示土中各种大小粒径均有，颗粒不均匀，级配良好。如曲线较陡，则表示土粒均匀，级配不好。

衡量颗粒级配好坏的指标为不均匀系数，不均匀系数反映大小不同粒组的分布情况。不均匀系数越大，土粒径的分布范围越大，土粒越不均匀，曲线越平缓，级配良好。

一般认为，不均匀系数小于5，称为均质土，其级配不好；不均匀系数大于10，称为级配良好的土。

土中总含有水，土中水以三种状态出现：液态、固态、气态。土中水的存在会影响到土的物理性质和力学性质，尤其是固体颗粒越小，水的影响越大。

存在于土中的液态水可分为结合水和自由水两大类。

土中的气体存在于未被水占据的土壤孔隙中。与大气相连的气体对土的力学性质影响不大。在细黏土中存在与大气隔绝的气泡，使土具有弹性，受压时气体体积缩小，卸荷后体积又恢复，不易压缩，只有强夯时才能压缩。

1.1.2 土的特征指标

1.1.2.1 土粒比重（土粒相对密度）

土粒比重是土粒质量与同体积4℃时的水的质量之比。

土粒比重通常为2.65～2.80，它的大小决定于土的矿物成分。砂土的土粒比重约为2.65，黏土约为2.70～2.80。土中含有大量有机质时，土粒比重显著减小。同一种类的土，其比例值的变化幅度很小。土粒比重可在试验室内用比重瓶法测定。

1.1.2.2 土的含水量

土的含水量是土中水的含量与工程质量之比。

含水量是表示土湿度的一个重要物理指标。天然土层含水量变化范围很大，砂土为0～40%；黏性土为20%～100%，有的甚至达到百分之几百。

土的含水量一般采用烘干法测定。将土样在100～105℃恒温下烘干，这时土中的自由水与结合水排走了，根据烘干前后的质量差，即可求出水的含量及土粒质量。

1.1.2.3 土的密度

土单位体积的质量称为土的密度。

天然状态下土的密度范围较大。

砂土：1.6～2.0。

黏土：1.8～2.0。

腐殖土：1.5～1.7。

土的密度一般用“环刀法”测定。

1.1.2.4 土的干密度、饱和密度和有效密度

干密度是指单位土体积固体颗粒的质量为干密度。干密度可以评价土的紧密程度，工程上作为人工填土压实质量的控制指标。

饱和密度：土孔隙充满水时，单位体积质量。

有效密度：在地下水位以下，土受到浮力作用后，单位土体积中土颗粒的有效重量。

1.1.2.5 土的孔隙比和孔隙率

土的孔隙比是土中孔隙体积与土的颗粒体积之比，无量纲，是表明土密度程度的一个很重要的物理指标。

土的孔隙率是土中孔隙体积与土总体积之比，以百分数表示。

1.1.2.6 土的饱和度

土的饱和度是土中水的体积与孔隙总体积之比，饱和度说明土的潮湿程度。

1.1.3 土的工程分类

土的工程分类见表 1.1。

表 1.1 土 的 工 程 分 类

土的分类	岩、土名称	开挖方法及工具
一类土（松软土）	略有黏性的砂土、粉土、腐殖土及疏松的种植土，泥炭（淤泥）	用锹，少许用脚蹬或用板锄挖掘
二类土（普通土）	潮湿的黏性土和黄土，软的盐土和碱土，含有建筑材料碎屑、碎石、卵石的堆积土和种植土	用锹、条锄挖掘，需用脚蹬，少许用镐
三类土（坚土）	中等密实的黏性土或黄土，含有碎石、卵石或建筑材料碎屑的潮湿的黏性土或黄土	主要用镐、条锄，少许用锹
四类土（砂砾坚土）	坚硬密实的黏性土或黄土，含有碎石、砾石（体积占 10%～30%、重量在 25kg 以下石块）的中等密实黏性土或黄土，硬化的重盐土，软泥灰岩	全部用镐、条锄挖掘，少许用撬棍挖掘
五类土（软石）	硬的石炭纪黏土，胶结不紧的砾岩，软的、节理多的石灰岩及贝壳石灰岩，坚实的白垩，中等坚实的页岩、泥灰岩	用镐或撬棍、大锤挖掘，部分使用爆破方法
六类土（次坚石）	坚硬的泥质页岩，坚实的泥灰岩，角砾状花岗岩，泥灰质石灰岩，黏土质砂岩，云母页岩及砂质页岩，风化的花岗岩、片麻岩及正长岩，滑石质的蛇纹岩，密实的石灰岩，硅质胶结的砾岩，砂岩，砂质石灰质页岩	用爆破方法开挖，部分用风镐
七类土（坚石）	白云岩，大理石，坚实的石灰岩、石灰质及石英质的砂岩，坚硬的砂质页岩，蛇纹岩，粗粒正长岩，有风化痕迹的安山岩及玄武岩，片麻岩，粗面岩，中粗花岗岩，坚实的片麻岩，辉绿岩，玢岩，中粗正长岩	用爆破方法开挖
八类土（特坚石）	坚实的细粒花岗岩。花岗片麻岩，闪长岩，坚实的玢岩、角闪岩、辉长岩、石英岩、安山岩、玄武岩，最坚实的辉绿岩、石灰岩及闪长岩，橄榄石质玄武岩，特别坚实的辉长岩、石英岩及玢岩。	用爆破方法开挖

注 前 4 类是土，后 4 类是石。在预算基价中，将一类～三类土划分为一般土，砂砾坚土为四类土。

1.1.4 土的性质

1.1.4.1 土的天然含水量

土的天然含水量是水的质量与固体颗粒质量之比，以百分数表示，即

$$\omega=\frac{m_w}{m_s}\times100\%$$

式中 m_w——土中水的质量，kg；

m_s——土中固体颗粒的质量，kg。

ω 越大，对施工越不利。$\omega<5\%$为干土；$\omega=5\%\sim30\%$为湿土；$\omega>30\%$为饱和土。

含水量影响挖土的难易、边坡坡度、回填压实程度。

1.1.4.2 土的密度

（1）土的天然密度。

$$\rho=\frac{m}{V}$$

式中 m——土的总质量，kg；

V——土的天然体积，m^3。

(2) 土的干密度。

$$\rho_d=\frac{m_s}{V}$$

式中 m_s——土中固体颗粒的质量，kg；

V——土的天然体积，m^3。

ρ_d 越大，土越密实。干密度影响基坑底及回填土压实程度。

1.1.4.3 土的可松性

可松性：自然状态土经开挖后，体积增大、回填压实后，其体积仍不能恢复原状的性质。可松性系数为

$$k_s=\frac{V_2}{V_1}$$

$$k'_s=\frac{V_3}{V_1}$$

式中 k_s——土的最初可松性系数；

k'_s——土的最终可松性系数；

V_1——土在天然状态下的体积，m^3；

V_2——土被挖出后在松散状态下的体积，m^3；

V_3——土经压实后的体积，m^3。

可松性影响平衡调配、场地设计标高、机具数量。

1.1.4.4 土的渗透性

渗透性：水流通过土中孔隙的难易程度，水在单位时间内穿透土层的能力。

渗流速度：

$$v=k\,\frac{H_1-H_2}{L}=k\,\frac{h}{L}=ki$$

1.1.4.5 土方边坡

土方边坡以其挖土深度和放坡宽度的比值表示，即

$$\text{土方边坡坡度}=\frac{h}{b}=\frac{1}{\frac{b}{h}}=1:m$$

式中 h——挖土深度，m；

b——放坡宽度，m。

土方边坡大小与以下因素有关：土质、开挖深度、开挖方法、边坡留置时间长短、坡顶有无荷载以及排水情况等。

1.1.5 压实的意义

1.1.5.1 非黏性土（无黏性土）的密实度

非黏性土的密实度与过程性质有密切关系，当处于密实状态时，强度较大，可作为良好的天然地基；当处于软弱状态时，则是一种软弱地基。非黏性土的密实度与孔隙比有密

切的关系。因此可以用孔隙比来表示密实度，它是确定砂土地基承载力的主要根据。

以孔隙比评定砂土密实性虽然简单，但没有考虑到颗粒级配的因素，所以还可用相对密度来表示砂的密实程度。

相对密度是无黏性粗粒土密实度的指标，对判断地基稳定性和强度，以及抗震稳定性方面具有重要的意义。

另外，天然孔隙比虽然是评价非黏性土的一个重要物理指标，但在具体工程中，难以取得原样，因此可以用标准贯入试验或静力触探试验来判别砂土的密实度。

1.1.5.2 黏性土的物理特征

黏性土的含水量低时，强度高；含水量高时，强度低，并且随着含水量的变化，黏性土会呈现出不同的物理状态，即固态、半固态、可塑状态、流动状态。

单介绍可塑状态来说，所谓可塑状态，就是当黏性土在某含水量范围内，可用外力塑成任何形状而不发生裂纹，外力移去后仍然能保持既得的形状。

黏性土的工程性质与土的成因、生成年代的关系很密切，不同成因和年代的黏性土，尽管其某些物理指标值可能很接近，但其工程性质可能相差悬殊。

1.1.5.3 压实的意义

在工程中有时要进行填土，为了提高填土的强度、增加密实性，通常要分层压实。土体压实后可以提高抵御水对土体的冲刷的能力。实践经验证明，对过湿的土进行夯压或碾压时会出现软弹现象；对很干的土进行夯实或碾压，显然也不能把土充分压实。所以，要使土的压实效率最好，其含水量要适当。在一定的压实能量下，使土最容易压实，并达到最大密实度的含水量，称最优含水量，相对应的干密度为最大干密度。试验证明，在一定压实能量下，一种类型的土，其压实曲线呈山峰形分布，含水量低时，随着含水量的增大，土的干密度也增大，当含水量超过某一限值时，干密度随着含水量的增大而减小。

任务 1.2 岩石的工程分类及性质

1.2.1 岩石的基本性质

岩石和土一样，也是由固体、液体和气体组成的。工程分类可参照 1.1.3 节土的分类表格。

1.2.1.1 岩石的物理性质

岩石的物理性质是岩石的基本工程性质，主要指岩石的重量性质和孔隙性质，包括岩石的比重、重度、密度等指标。

(1) 比重。岩石的固体部分（不含孔隙）的重力与同体积的水在 4℃时重力的比值称为岩石的比重。

(2) 重度。重度也即岩石的重力密度，是指岩石单位体积的重力。其在数值上等于岩石试件的总重力（含孔隙中水的重力）与其总体积（含孔隙体积）之比。

(3) 密度。岩石的密度指的是岩石单位体积的质量。

1.2.1.2 岩石的孔隙性

岩石的孔隙性反映的是岩石中各种孔隙（包括裂隙）的发育程度，一般用孔隙度表示。岩石的孔隙性对岩块及岩体的水理、热学性质影响很大。一般说来，孔隙度越大，岩块的强度越低、塑性变形和渗透性越大；反之亦然。同时岩石由于孔隙的存在，更易遭受各种风化引力作用，导致岩石的工程地质性质进一步恶化。对可溶性岩石来说，孔隙度大，可以增强岩体中地下水的循环与联系，使岩溶更加发育，从而降低岩石的力学强度并增强其透水性。当岩体中的孔隙被黏土等物质充填时，则又会给工程建设带来诸如泥化夹层或夹泥层等岩体力学问题。

岩石的孔隙度指的是岩石中孔隙（含裂隙）的体积与岩石总体积的比值，常用百分数表示。

1.2.1.3 岩石的工程地质性质

岩石的工程地质性质包括岩石的物理性质、水理性质和力学性质。影响岩石工程地质性质的因素，主要是岩石的矿物成分、结构、构造及岩石的风化程度等方面。

1.2.1.4 岩石的吸水性

(1) 吸水率。岩石在常压下的吸水能力称为岩石的吸水率。在常压下，将岩石浸入水中充分吸水，被岩石吸收的水分的重力与干燥岩石的重力之比的百分数即表示吸水率。

(2) 饱水率。岩石在高压（15MPa）或真空条件下的吸水能力称为岩石的饱水率，也是以岩石吸收的水分的重力与干燥岩石的重力之比的百分数来表示。

(3) 饱水系数。岩石的吸水率与饱水率之比称为饱水系数。

1.2.1.5 岩石的透水性

岩石允许水透过的能力称岩石的透水性。岩石的透水性可用渗透系数（K）来表示。渗透系数一般由室内或野外试验所测得。

1.2.1.6 岩石的溶解性

岩石溶解于水的性质称为岩石的溶解性。岩石的溶解性常用溶解度或溶解速度来表示。

1.2.1.7 岩石的软化性

岩石浸水后强度和稳定性降低的性质称为岩石的软化性。岩石的软化性可用软化系数来表示。软化系数等于岩石在饱水状态下的极限抗压强度与风干状态下的极限抗压强度的比值。

1.2.1.8 岩石的抗冻性

岩石抵抗水冻结所造成破坏的能力称为岩石的抗冻性。抗冻性可用岩石的强度损失率和重量损失率来表示。通常是岩石的饱水系数小，则抗冻性就强；而岩石的软化系数大，则抗冻性也强。

1.2.1.9 岩石的变形指标

(1) 弹性模量。应力与弹性应变的比值称为弹性模量。

(2) 变形模量。应力与总应变的比值称为变形模量。

(3) 泊松比。岩石在轴向压力的作用下，既产生纵向压缩，又产生横向膨胀。则横向应变与纵向应变的比值称为泊松比。

1.2.1.10 岩石的强度指标

(1) 抗压强度。岩石试样在单向压力作用下的抵抗压碎破坏的能力称为抗压强度。

(2) 抗拉强度。岩石试样在单向拉伸作用下的抵抗拉断破坏的能力称为岩石的抗拉强度，一般以拉断破坏时的最大张应力来表示。

(3) 抗剪强度。岩石抵抗剪切破坏的能力称为岩石的抗剪强度，以岩石被剪切破坏时的极限应力来表示。

1.2.2 施工常用石材

1.2.2.1 毛石

毛石是不成形的石料，处于开采以后的自然状态。它是岩石经爆破后所得形状不规则的石块，是天然或从石矿里刚开采出来未经加工的，也被称为乱石，一般块较大（>300mm），常用于填方、砌筑基础、挡土墙等。建筑用毛石，一般要求石块中部厚度不小于 150mm，长度为 300～400mm，质量为 20～30kg。其根据平整度，可细分为乱毛石、平毛石。形状不规则的称为乱毛石；有两个大致平行面的称为平毛石。

1.2.2.2 碎石

碎石是经过破碎加工的石材，一般直径为 13～80mm，经过筛分，40～80mm 的常用于垫层，13～40mm 的常用于水泥混凝土等，更小的石屑、石粉常作沥青混凝土的材料。

1.2.2.3 块石

块石的叫法较多，体积较大，一般是指稍做加工的（区别于方整石、料石）的石材，主要用于砌墙；定额上一般指的是常用的毛石（200～500mm）。

1.2.2.4 料石

料石一般是指较规则的六面体石块，加工成比较方整、至少有一个平面是平整的，又分细料石、粗料石。

1.2.2.5 片石

片石，一般是指刚开采出来的小石片，用作垫层，或填充石墙，定额中易与毛石块石混淆。片石还指的是符合工程要求的岩石，经开采选择所得的形状不规则的、边长一般不小于 15cm 的石块。毛石与片石在外形上有差别，但在混凝土中的作用是一样的。毛石的价格比片石应该便宜一些。应该说片石在外形上接近于平面，而毛石的空间形状更明显一些。碎石是由毛石或片石破碎而成的。

片石分许多种，高速路护坡，河道渠道护堤片石：是把大块的石头利用工具分解成大体呈长方体的小块石，大致有长为 30cm、宽为 50cm 厚为 10～30cm，或者是长为 30cm 宽为 40cm、厚度为 10～30cm 的方块。也可以根据施工要求进行加工。此种片石大致要求有一个比较平整的面，长宽误差一般为 2cm 左右，厚度一般要求是在一个范围之内。

1.2.3 石材的判断

在工地可通过看、听、称来判定石材质量。看，即观察打裂开的破碎面，颜色均匀一致、组织紧密、层次不分明的岩石为好；听，就是用手锤敲击石块，听其声音是否清脆，声音清脆响亮的岩石为好；称，就是通过称量计算出其表观密度和吸水率，看它是否符合要求，一般要求表观密度大于 2650kg/m^3、吸水率小于 10%。

1.2.4 岩石的风化

岩石的风化见表 1.2。

表 1.2 岩石的风化

风化程度	野外特征	风化程度参数指标		
		压缩波速度 $v_p/(m \cdot s^{-1})$	波速比 k_v	风化程度 k_f
未风化	岩质新鲜，偶见风化痕迹	>5000	0.9～1.0	0.9～1.0
微风化	结构基本未变，仅节理面有渲染或略有变色。有少量风化裂隙	4000～5000	0.8～0.9	0.8～0.9
中等风化	结构部分破坏，沿节理面有次生矿物。风化裂隙发育，岩体被切割成岩块。用镐难挖，岩芯钻方可钻进	2000～4000	0.6～0.8	0.4～0.8
强风化	结构大部分破坏，矿物成分显著变化，风化裂隙发育，岩体破碎。用镐可挖掘，干钻不易钻进	1000～2000	0.4～0.6	<0.4
全风化	结构基本破坏，但尚可辨认，有残余结构强度，可用镐挖，干钻可钻进	500～1000	0.2～0.4	—
残积土	组织结构已全部破坏，已风化成土状，锹镐易挖掘，干钻易钻进，具可塑性	<500	<0.2	—

注 1. 波速比 k_v 为风化岩石与新鲜岩石压缩波速度之比。
2. 风化系数 k_f 为风化岩石与新鲜岩石饱和单轴抗压强度之比。
3. 岩石风化程度，除按表列野外特征和定量指标划分外，也可根据当地经验划分。
4. 花岗岩类岩石，可采用标准贯入试验划分，$N \geqslant 50$ 为强风化，$50 > N \geqslant 30$ 为全风化，$N < 30$ 为残积土。
5. 泥岩和半成岩，可不进行风化程度划分。

任务1.3 寒冷地区施工

1.3.1 冻土的工程性质

地面下一定深度的土温，随大气温度而改变。当地层温度降至摄氏零度以下，土体便会因土中水冻结而形成冻土。冻土是一种温度强敏感土体土质，含有地下水，这是与其他岩土最为本质的区别。温度的变化会导致冻土一系列的力学行为变化，这种变化常常是复杂的，并直接影响到以冻土为载体的工程构筑物的稳定性。具体地讲，温度的正负变化可使土体中水分发生相变，这一过程对于土体的强度和变形特性而言，可导致质的变化，并直接引发建构筑物地基失稳。

1.3.2 冻土引发的工程问题

由多年冻土引起的特殊工程地质问题，主要有融沉、冻胀和冰锥、冻胀丘、融冻泥流、热融滑坍、热融湖塘、沼泽湿地、厚层地下冰等不良地质现象。下面主要介绍融沉和冻胀。

1.3.2.1 融沉

融沉是指多年冻土融化，使建在多年冻土区的建筑物地基变形和破坏，主要表现为基础下沉、基础向阳侧边坡和建筑物肩开裂及下滑、边坡溜塌等。

冻胀是土体冻结时产生的最重要的物理力学过程，是因为水由液体变成了固体，体积膨胀增大而产生的，表现为地表的不均匀升高变形。

1.3.2.2 冻胀

(1) 冻胀的原因有：①土中水变成冰时，体积增大（约为水体积的9%）；②冻结过程中水分子转移和重新分布，形成冰夹层使体积增大，这是冻胀的主要原因。由前一原因引起的冻胀为土总体积的1%左右，而后一原因引起的冻胀可达土总体积的10%～20%或更大。

当土的温度降到0℃以下时，土孔隙中的自由水首先在接近0℃时冻结。土内出现小的冰晶，它与土粒由结合水膜隔开。当土的温度继续降低，最外层的结合水开始冻结，它们参与到冰晶体中去，使冰晶体变大。这时冰晶体周围的结合水膜比别处薄，阳离子的浓度比别处大。这就使冻结区与未冻结区的结合水之间产生不平衡，弱结合水就由水膜厚的方向向水膜薄的地方转移。冰晶体进一步加大，使地面隆起。

(2) 冻胀的基本条件：

1) 土中含有一定数量的细颗粒，并由它们在土中形成较多的弱结合水。

2) 土中原始含水量较高，可以不断地由未冻结区向冻结区传递水分。

3) 温度低于冻结温度，温度降速率不高，否则冻结面迅速向未冻部分推移，未冻部分的水来不及向冻结面迁移就在原地冻结成冰，无明显冻胀。

岩石、碎石土、砾砂、中砂、粗砂属于不冻胀土。细砂、粉砂、黏性土是具有冻胀可能的土。冻胀使基础埋深浅于土的冻结深度的建筑物发生不均匀地抬起。融化时又发生不均匀的下沉，年复一年地受到损害。因而在寒冷地区修建工程时应注意采取相应措施。

1.3.3 岩石的抗冻性

岩石抵抗冻融破坏的能力，称为抗冻性，常用冻融系数和质量损失率来表示。

冻融系数（R_d）是指岩石试件经反复冻融后的干抗压强度（R_{c2}）与冻融前干抗压强度（R_{c1}）之比，用百分数表示，即

$$R_d=\frac{R_{c2}}{R_{c1}}\times 100\%$$

质量损失率（K_m）是指冻融试验前后干质量之差（$m_{s1}-m_{s2}$）与试验前干质量（m_{s1}）之比，以百分数表示即

$$K_m=\frac{m_{s1}-m_{s2}}{m_{s1}}\times 100\%$$

试验时，要求先将岩石试件浸水饱和，然后在−20～20℃温度下反复冻融25次以上。冻融次数和温度可根据工程地区的气候条件选定。

岩石在冻融作用下强度降低和破坏的原因有二：一是岩石中各组成矿物的体膨胀系数不同，以及在岩石变冷时不同层温度的强烈不均匀性，因而产生内部应力；二是岩石空隙中冻结水的冻胀作用。水冻结成冰时，体积增大达9%并产生膨胀压力，使岩石的结构和联结遭受破坏。据研究，冻结时岩石中所产生的破坏应力取决于冰的形成速度及其局部压力消散的难易程度之间的关系，自由生长的冰晶体向四周的伸展压力是其下限（约0.05MPa），而完全封闭体系中的冻结压力，在−22℃温度作用下可达200MPa，使岩石遭受破坏。

岩石的抗冻性取决于造岩矿物的热物理性质和强度、粒间联结、开空隙的发育情况以及含水率等因素。由坚硬矿物组成，且具强的结晶联结的致密状岩石，其抗冻性较高；反之，则抗冻性低。一般认为，$R_d>75\%$、$K_m<2\%$时，为抗冻性高的岩石；另外，

$W_a<5\%$、$K_R>0.75$ 和饱水系数小于 0.8 的岩石，其抗冻性也相当高。

1.3.4 寒地施工措施

目前解决基础防融沉冻胀的办法与技术：一是适当提高基础填土高度，用天然土保温，这种方法价廉，可普遍采用；二是在基础埋设工业保温层（PU、EPS 等），埋设 5～10cm 保温板，在工程实践中均取得良好的工程效果；三是埋设通风管，就是在允许的情况下在基础上埋设直径 30cm 左右的混凝土横向通风管，可以有效降低基础温度；四是在允许的情况下采用抛石基础，即用碎块石填筑基础，利用填石基础的通风透气性，隔阻热空气下移，同时吸入冷量，起到保护冻土的作用，一般砌石工程中可采用；五是地基土换填，换填方法是用粗砂、砾石等粗粒土置换冻胀性或融沉性地基土，以达到消减地基土的冻胀或融沉性；六是采取排水隔水措施。无论是地表水还是地下水，它的流动和侵入都会带来大量的热，使多年冻土融化、上限下降。在季节融化层的冻结过程中，丰富的水分会引起地基工程强烈的冻胀。

项目 2

土石工程施工

本项目教学的重点内容是土石工程施工。以水利工程中常见的土石坝工程、堤防工程、渠道工程、砌石工程及软体排施工为例，介绍土石工程的施工特点。

任务 2.1 土石坝工程

土石坝包括各种碾压式土坝、堆石坝和土石混合坝，是一种充分利用当地材料的坝型。

其施工方法有干填碾压、水中填土、水力冲填（包括水坠坝）和定向爆破修筑等。

在我国，尤其是在黑龙江地区，碾压式土石坝是比较常见的。碾压式土石坝施工作业包括准备作业、基本作业、辅助作业和附加作业。

准备作业：三通一平，架设通信线路，修建生产、生活、办公用房、排水清基等。

基本作业：料场土石料开采，挖、装、运、卸和坝面铺平、压实、质检。

辅助作业：清除施工场地及料场的覆盖，从上坝土料中剔除超径石块、杂物，坝面排水、层间刨毛和加水等。

附加作业：坝坡修整，铺砌护面块石及铺植草皮等。

土石坝工程施工的主要内容共有以下几方面。

2.1.1 坝体材料与料场规划

2.1.1.1 土石坝筑坝材料及其要求

在选坝阶段，应从空间与时间、质与量等方面进行全面规划。料场土料的储量一般要求是设计工程量的 1.5～2.0 倍，并要求提供备用料场。黏性土料采用钻探或坑探取样。砾类土用坑探取样，布孔间距 50～100m。防渗料的勘探要按深度仔细查明天然含水量。堆石料的勘探可以采用钻探及洞探。

1. 防渗料

防渗的土料最基本的要求：

防渗性：渗透系数不大于 1×10^{-5}cm/s 时，一般即可满足要求。

施工性：土料的天然含水量在最优含水量附近，无影响压实的超径材料，压实后的坝面有较高的承载力。

2. 坝壳料

工程实践中，堆石、砂砾石及风化料等均可作为坝壳料。

堆石：按其形式可分为抛填、分层碾压、手工干砌石、机械干砌石等；按其材料及来源可分为采石场玄武岩、变质安山岩、砂岩、砾岩、采石场花岗岩、片麻岩、石灰岩、冲击的漂卵石、石渣料等。堆石是最好的筑坝材料，现广泛用于高土石坝的坝壳料。

砂砾石：碾压砂砾石压缩性低、抗剪强度高，但易冲蚀、易管涌。

风化料：属于抗压强度小于 30MPa 的软岩类，往往存在湿陷问题。

3. 反滤料和过渡料

反滤料一般要满足坚固度要求，应尽量避免用纯砂做反滤料。

2.1.1.2 料场规划的原则

料场的合理规划与使用关系到坝体的施工质量、工期和工程投资，而且会影响到工程的生态环境和国民经济其他部门。施工前应从空间、时间、质与量等方面进行全面规划。

空间规划，系指对料场位置、高程的恰当选择，合理布置。

时间规划，是要考虑施工强度和坝体填筑部位的变化。

质与量的规划，应对地质成因、产状、埋深、储量以及各种物理力学指标进行全面勘探和试验。不仅应使料场的总储量满足坝体总方量的要求，而且应满足施工各个阶段最大上坝强度的要求。料尽其用，充分利用永久建筑物和临时建筑物基础开挖渣料。

主要料场和备用料场之分：主要料场质好、量大、运距近，且有利于长年开采；备用料场通常在淹没区外，作主要料场之备用。

2.1.1.3 料场优化的基本方法

土石方平衡的原则：充分而合理地利用建筑物开挖料。料场优化的基本方法如下。

（1）填挖料平衡计算。

（2）土石方调度优化。

（3）弃料处理。

2.1.2 土石料的开挖与运输

2.1.2.1 土石料的开采与加工

料场开采前的准备工作：划定料场范围；分期分区清理覆盖层；设置排水系统；修建施工道路；修建辅助设施。

1. 土料的开采

土料开采一般有立面开采和平面开采两种。

立面开采方法适用于土层较厚、天然含水量接近填筑含水量、土料层次较多、各层土质差异较大时。

平面开采方法适用于土层较薄，土料层次少且相对均质、天然含水量偏高需翻晒减水的情况。

规划中应将料场划分成数区，进行流水作业。

2. 土料加工

（1）调整土料含水量。

降低土料含水量的方法有挖装运卸中的自然蒸发、翻晒、掺料、烘烤等。

提高土料含水量的方法有：①在料场加水；②料堆加水；③在开挖、装料、运输过程中加水。

(2) 掺和、超径料处理一般掺和办法有：①水平互层铺料——立面（斜面）开采掺和法；②土料场水平单层铺放掺料——立面开采掺和法；③在填筑面堆放掺和法；④漏斗——带式输送机掺和法。第①、④种方法采用较多。

砾质土中超径石含量不多时，常用装耙的推土机先在料场中初步清除，然后在坝体填筑面进行填筑平整，再做进一步清除；当超径石的含量较多时，可用料斗加设施条筛（格筛）或其他简单筛分装置加以筛除，还可采用从高坡下料、造成粗细分离的方法清除粗粒径。粗粒径较大的过渡料宜直接采用控制爆破技术开采，对于较细的、质量要求高的反滤料，垫层料则可用破碎、筛分、掺和工艺加工。

3. 砂砾石料和堆石料的开采

(1) 砂砾石料开采。

陆上开采：一般挖运设备即可。

水下开采：采用采砂船和索铲开采。当水下开采砂砾石料含水量高时，需加以堆放排水。

(2) 堆石料开采。堆石料结合建筑物开挖或由石料场开采，开采的布置要形成多工作面流水作业方式。

其开采一般采用深孔梯段爆破，特定目的使用洞室爆破。

4. 超径处理

超径块石料的处理方法主要有浅孔爆破法和机械破碎法两种。

浅孔爆破法：指采用手持式风动凿岩机对超径石进行钻孔爆破。

机械破碎法：指采用风动和振冲破石、锤破碎超径块石，也可利用吊车起吊重锤，利用重锤自由下落破碎超径块石。

随着工业技术的突飞猛进，施工机械的改进与发明也日新月异。同时，工业的发展尤其是施工机械的发展带动了施工技术的进步，使得以前一些不可能完成的工程建设不再是天方夜谭。作为一名施工人员，对施工机械的了解是必不可少的。

2.1.2.2 挖掘机械

1. 单斗式挖掘机

以正向铲挖掘机为代表的单斗式挖掘机，有柴油或电力驱动两类，后者又称电铲。挖掘机有回转、行驶和挖掘三种装置。正向铲挖掘机有强力的推力装置，能挖掘Ⅰ～Ⅳ级一类土、二类土和破碎后的岩石，主要挖掘停机地面以上的土石方，也可以挖掘停机地面以下不深的地方。其机型常根据挖斗容量来区分。我国目前生产的单斗式挖掘机的斗容量有 $0.5m^3$、$1.0m^3$、$2.0m^3$、$2.5m^3$、$3.0m^3$、$4.0m^3$、$4.6m^3$、$8.0m^3$、$10～15m^3$，最常用的是 $1.0～4.0m^3$ 的。

目前反向铲挖掘机最为常用的是液压反铲。它主要适用于开挖停机面以下的土方开挖如基坑、渠道、管沟、水下石渣的开挖等，也可开挖停机面以上的土方。反铲与正铲相比，稳定性和铲土能力都较小，因此只能开挖一类～二类的土，遇到硬质土需要先刨松，再用反向铲挖掘机开挖，其开挖深度可达 4～6m，反向铲挖掘机的斗容量有 $0.5m^3$、

1.0m^3、1.6m^3，大的有的已超过3m^3。

2. 多斗式挖掘机

斗轮式挖掘机是陆上使用较普遍的一种多斗连续式挖掘机。

2.1.2.3 挖运组合机械

能同时担负开挖、运输、卸土、铺土任务的有推土机和铲运机。

1. 推土机

推土机是一种在履带式拖拉机或轮胎式牵引车的前面安装推土装置及操纵机构的自行式施工机械，既可薄层切土又能短距离推运。推土机的经济运距为60～100m，若长距离推土，土料从推土器两侧散失较多，有效推土量大为减少。为了减少推土过程中土料的散失，可在推土器两侧加装挡板，或先推成槽，然后在槽中推土，或多台并列推土。

(1) 推土机按行走方式推土可分为以下两种：①履带式推土机，优点是牵引力大、接地比压小、爬坡能力强、作业性能优越，是多用的机种，见图2.1；②轮胎式推土机，优点是行驶速度快、机动性好、作业循环时间短、转移方便迅速、不损坏地面，特别适合城市建设和道路维修工程中使用，但附着性能远不如履带式推土机，使用范围受到一定的限制，见图2.2。

图2.1 履带式推土机

图2.2 轮胎式推土机

(2) 履带式推土机按推土板安装形式可分为两种：①固定式铲刀推土机，推土机的推土铲刀与主机纵向轴线固定为直角，也称宜铲式推土机。它机构简单，但只能正对前进方向推土，作业灵活性差，仅用于中小型推土机。②回转式铲刀推土机，推土机的推土铲刀在水平面内能回转一定角度，与主机纵向轴线可以安装成固定直角或非直角，也称为角铲式推土机。这种推土机作业范围较广，便于向一侧移土和开挖边沟。

(3) 推土机按传动方式可分为3种：①机械式传动推土机，采用机械式传动的推土机工作可靠，制造简单，传动效率高、维修方便。但操作费力，传动装置对负荷的自适应性差，容易引起发动机熄火，降低作业效率，在大中型推土机已较少采用。②液力机械传动式推土机，采用液力变矩器与动力换挡变速器组合传动装置，具有自动无级变速变扭、自动适应外负荷变化的能力。发动机不易熄火，可负载换挡，换挡次数少，操纵轻便，作业效率高，是现代大中型推土机多采用的传动形式。③全液压传动式推土机，由液压马达驱动，驱动力直接传递到行走机构。因为没有主离合器、变速器、驱动桥等传动部件，结构紧凑，总体布置方便，整机质量轻，操纵简单，可实现原地转向，但全液压推土机制造成本较高，耐用度和可靠性较差。

2. 铲运机

按行驶方式，铲运机分为牵引式和自行式，见图 2.3 和图 2.4。

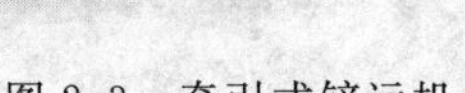

图 2.3 牵引式铲运机

图 2.4 自行式铲运机

前者用拖拉机牵引铲斗，后者自身有行驶动力装置。

铲运机的经济运距与铲斗容量有关，一般在几百米至几千米之间。

2.1.3 土石料开挖运输方案

坝料的开挖与运输，是保证上坝强度的重要环节之一。

开挖运输方案主要根据坝体结构布置特点、坝料性质、填筑强度、料场特性、运距远近、可供选择的机械设备型号等多种因素，综合分析比较确定。

土石坝施工设备的选型对坝的施工进度、施工质量以及经济效益产生重大影响。

2.1.3.1 设备选型的基本原则

（1）所选机械的技术性能能适应工作的要求、施工对象的性质和施工场地特征，保证施工质量，充分发挥机械效率，生产能力满足整个施工过程的要求。

（2）所选施工机械应技术先进、生产效率高，操作灵活、机动性好，安全可靠，结构简单，易于检修保养。

（3）类型比较单一，通用性好。

（4）工艺流程中各工序所用机械应成龙配套，各类设备应能充分发挥效率，特别应注意充分发挥主导机械的效率。

（5）设备购置费和运行费用较低，易于获得零、配件，便于维修、保养、管理和调度，经济效果好。对于关键的、数量少且不能替代的设备，应使用新购置的，以保证施工质量，避免在一条龙生产中卡壳影响进度。

2.1.3.2 土石坝施工中开挖运输方案

土石坝施工中开挖运输方案主要有以下几种。

1. 正向铲开挖，自卸汽车运输上坝

正向铲开挖、装载，自卸汽车运输直接上坝，通常运距小于 10km。自卸汽车可运各种坝料，运输能力强，设备通用，能直接铺料，机动灵活，转弯半径小，爬坡能力较强，管理方便，设备易于获得。

在施工布置上，正向铲一般都采用立面开挖，汽车运输道路可布置成循环路线，装料时停在挖掘机一侧的同一平面，即汽车鱼贯式地装料与行驶。

2. 正向铲开挖、胶带机运输

国内外水利水电工程施工中，广泛采用了胶带机运输土、砂石料。胶带机的爬坡能力强，架设简易，运输费用较低，比自卸汽车可降低运输费用 1/3～1/2，运输能力也较强。

胶带机合理运距小于10km，可直接从料场运输上坝；也可与自卸汽车配合，做长距离运输，在坝前经漏斗由汽车转运上坝；与有轨机车配合，用胶带机转运上坝做短距离运输。

3. 斗轮式挖掘机开挖，胶带机运输，转自卸汽车上坝

对于填筑方量大、上坝强度高的土石坝，若料场储量大而集中，可采用斗轮式挖掘机开挖，其生产率高，具有连续挖掘、装料的特点。斗轮式挖掘机将料转入移动式胶带机，其后接长距离的固定式胶带机至坝面或坝面附近经自卸汽车运至填筑面。

这种布置方案，可使挖、装、运连续进行，简化了施工工艺，提高了机械化水平和生产率。

4. 采砂船开挖，有轨机车运输，转胶带机（或自卸汽车）上坝

有轨机车具有机械结构简单、修配容易的优点。当料场集中、运输量大、运距较远（大于10km）时，可用有轨机车进行水平运输。有轨机车运输的临建工程量大，设备投资较高，对线路坡度、转弯半径等的要求也较高。有轨机车不能直接上坝，在坝脚经卸料装置至胶带机或自卸汽车转运上坝。

坝料的开挖运输方案很多，但无论采用何种方案，都应结合工程施工的具体条件做到：提高机械利用率；减少坝料的转运次数；各种坝料铺筑方法及设备应尽量一致，减少辅助设施；充分利用地形条件，统筹规划和布置。

2.1.4 坝体填筑与压实

当基础开挖和基础处理基本完成后，就可进行坝体的铺筑、压实施工。

土石坝坝面作业施工组织规划：

土石坝坝面作业施工程序包括铺料、平仓、洒水、压实、质检等工作。

坝面作业，工作面狭窄，工种多，工序多，机械设备多，施工时需有妥善的施工组织规划。为避免坝面施工中的干扰延误施工进度，土石坝坝面作业宜采用流水作业施工。

流水作业施工组织应先按施工工序数目对坝面分段，然后组织相应专业施工队依次进入各工段施工。

对同一工段而言，各专业队按工序依次连续施工；对各专业施工队而言，依次不停地在各工段完成固定的专业作业。

流水作业施工的结果是实现了施工专业化，有利于工人劳动熟练程度的提高，从而有利于提高劳动效率和工程施工质量。同时，各工段都有专业队施工固定的施工机具，从而保证施工过程人、机、地三不闲，避免施工干扰，有利于坝面作业多、快、好、省、安全地进行。

2.1.5 土石坝的冬雨季施工

2.1.5.1 冬季施工

当气温降至0℃以下，土料中发生水分迁移，结冰形成硬土层，难以压实。由于体积膨胀，土粒间的距离扩大，破坏了土层结构，化冻后的土料变得疏松，降低了施工质量。黏土受冻时，水分迁移慢，有一定的抗冻性；非黏性土，土粒粗，水分迁移快，极易受冻。

规范规定，日平均气温低于0℃时，按低温季节施工。冬季一般采取露天施工方式，要求土料压实温度在−1℃以上、当日最低气温在−10℃以下，或虽在0℃以下但风速大

于 10m/s 时，应停工；黏土料的含水率不大于塑限的 90%，粒径小于 5mm 的细砂砾料的含水率应小于 4%；填土中严禁带有冰雪、冻块；土、砂、砂砾料与堆石不得加水；防渗体不得受冻。坝体压实检查次数见表 2.1。

表 2.1　　坝体压实检查次数

根据坝料类别及部位			检查项目	取样（检测）次数
防渗体	黏性土	边角夯实	干密度、含水率	2～3 次/每层
		碾压面		1 次/(100～200m^3)
		均质坝		1 次/(200～500m^3)
	砂质土	边角夯实	干密度、含水率	2～3 次/每层
		碾压面	大于 5mm 砾石含量	1 次/(200～500m^3)
反滤料			干密度、颗粒级配、含泥量	1 次/(200～500m^3)，每层至少 1 次
过渡料			干密度、颗粒级配	1 次/(500～1000m^3)
坝壳砂砾（卵）料			干密度、颗粒级配	1 次/(5000～10000m^3)
坝壳砾质土			干密度，含水率，小于 5mm 砂质土含量	1 次/(3000～6000m^3)
堆石料*			干密度、颗粒级配	1 次/(10000～100000m^3)

* 堆石料颗粒级配试验组数可比干密度试验适当减少。

低温施工应采取如下措施：

(1) 防冻措施。降低土料含水量，或采用含水量低的土料上坝；挖取深层正温土料，加大施工强度，薄层铺筑，增大压实功能，快速施工，争取受冻前压实结束。

(2) 保温措施。加覆盖物保温，如树叶、干草、草袋、塑料布等；设保温冰层，即在土料面修土埂放水冻冰，将冰层下水放走，形成冰盖，冰盖下的空气夹层起到保温作用；在土料表面进行翻松等。

2.1.5.2　雨季施工

雨季施工最主要的问题是土料含水量的变化给施工带来的不利影响。黏土对含水量反应敏感，应避开雨天施工，非黏性土可在小雨时施工，大雨停工。雨季施工应采取有效措施：来雨前用光面碾快速压实松土，防止雨水渗入；铺料时，心墙向两侧、斜墙向下游铺成 2%的坡度，以利排水；做好坝面防雨保护，如设防雨棚、覆盖苫布、油布等；做好料场周围的排水系统，控制土料含水量。

任务 2.2　堤　防　工　程

堤防是直接拦阻河水的河流构筑物。堤防基本断面的设计，遵循《中华人民共和国河道管理条例》(2018 修正版)、《堤防工程设计规范》(GB 50286—2013)，参照以前的治水工程实例，根据所在河段本身的具体情况而定。

堤防施工的依据是水利部颁布的《堤防工程施工规范》(SL 260—2014)。该规范的主编单位是水利部淮河水利委员会，批准部门是中华人民共和国水利部，解释单位是水利部建设与管理司，施行日期是 2014 年 10 月 16 日。

在施工之前，首先要保证施工四通一平，即路通、电通、水通、信息通及场地平整。路通中，有利用原有道路和新修施工专用道路两种，这里就新修施工专用道路进行论述。河流工程中施工专用道路的规模及结构因工程规模有所差别，一般应该考虑工程的效率和安全性，研究宽度、坡度、弯道、路面铺设的种类、程度等之后再进行规划施工。关于施工专用道路的设计、施工须注意以下几点：

(1) 如果宽度在4m以上，纵断面比降最好取15%以下。

(2) 避免急转弯。

(3) 在规划及施工中要根据工程的规模和工期对路面、路基的结构充分加以考虑。

(4) 从堤顶开始沿大堤迎水面新修坡道时，要设置在下游侧，在堤防断面外填筑。

(5) 把堤防、戗道、坡脚作为施工道路使用时，为了不损坏跨堤构筑物，要对堤防断面进行加固处理，注意路面的排水和凹凸不平，使其保持良好的状态。

(6) 必须充分考虑施工期间的交通量，如果是单车道，要设置会车点；如果设置在堤顶上，原则上是设在背水面侧。

(7) 选线时首先要研究沿途的地形、水力学的影响及土质等。

(8) 沿河滩的横断方向新修临时道路，要尽可能低，避免影响行洪，不得已时只好采取汛期拆除的处理措施。

(9) 施工道路横跨水渠、河流时，需要架设临时桥，那么决定桥的高度、方向、结构等时必须研究河流状况、工程规模及施工期。设置在滩地上的栈桥必须考虑不能影响过水。

(10) 需要运输船（人、器材）时，必须对流速、水深等进行调研，选定航路和停泊场。在施工中许多场合需要设置通往填筑部位的道路及坡道，由于这部分道路要通行运输机械，与其他填筑部分相比，压得过于坚实。所以，在这些地方进行填筑施工时，首先要将压实的部分耙松，然后再填新土，以便新旧层的接合。在施工场地外设置施工车辆迂回用的道路时，必须考虑不能影响主体工程的施工，不能损坏道路的功能，还必须根据《中华人民共和国公路法》按照需要设置安全设施及标志，一般堤防横断面见图2.5。

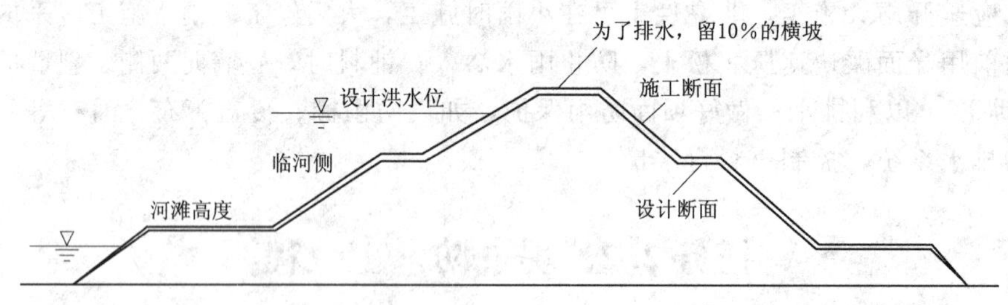

图2.5 一般堤防横断面

对于堤防施工，首先要进行测量放样准备。堤防工程基线相对于邻近基本控制点，平面位置允许误差±30～±50mm，高程允许误差±30mm。堤防断面放样、立模、填筑轮廓，宜根据不同堤型相隔一定距离设立样架，其测点相对设计的限值误差，平面为±50mm，高程为±30mm，堤轴线点为±30mm。高程负值不得连续出现，并不得超过总测点的30%。堤防基线的永久标石、标架埋设必须牢固，施工中须严加保护，并及时检查维护，定时核查、校正。堤身放样时，应根据设计要求预留堤基、堤身的沉降量。

料场核查与机械、设备及材料的准备也是堤防施工准备工作的一部分。核查土料特性，采集代表性土样按《土工试验方法标准》（GB/T 50123—2019）的要求做颗粒组成、黏性土的液塑限和击实、砂性土的相对密度等试验。料场土料的可开采储量应大于填筑需要量的 1.5 倍。应根据设计文件要求划定取土区，并设立标志。严禁在堤身两侧设计规定的保护范围内取土。施工机械、施工工具、设备及材料的型号、规格、技术性能应根据工程施工进度和强度合理安排与调配。检修与预制件加工等附属企业与设施，应按所需规模及时安排。应根据工程施工进度应及时组织材料进场，并事先对原材料和半成品的质量进行检验。

修筑堤防时，考虑到沉降，一般都要进行超填，目的是使堤防沉降后仍能达到设计的标准断面。所以，不管是堤顶还是坡面都要进行超填。坡面的超填一般是由上而下递减，到坡脚处为零。从筑堤完成到沉降结束这段时间内，坡度陡于 1∶2 不算违反构造令。堤防沉降量难以预测时，为使坡度在 1∶2 以下，施工时需考虑坡面的超填。

表 2.2 为超填高标准。

表 2.2　　超填高标准　　单位：cm

堤体的土质		普通土		砂、砂砾	
地基的土质		普通土	砂、砂砾	普通土	砂、砂砾
堤高	3m 以下	20	15	15	10
	3～5m	30	25	25	20
	5～7m	40	35	35	30
	7m 以上	50	45	45	40

注　1. 超填高是指在堤防坡肩的高度。
2. 加高、扩宽时的堤高应取垂直于填筑厚度的最大值处的高度。

在堤防施工中，度汛、防洪标准按表 2.3 执行。

表 2.3　　堤防施工中度汛、防洪标准　　单位：cm

挡水体类别	堤防工程级别	
	1、2 级	3 级及以下
堤防	10～20	5～10
围堰	5～10	3～5

堤防及围堰施工度汛、导流安全加高值按表 2.4 执行。

表 2.4　　堤防及围堰施工度汛、导流安全加高值

堤防工程级别		1 级	2 级	3 级
安全加高/m	堤防	1.0	0.8	0.7
	围堰	0.7	0.5	0.5

在筑堤材料选择方面，淤泥土、杂质土、冻土块、膨胀土、分散性黏土等特殊土料，一般不宜用于筑堤身，若必须采用，应有技术论证，并需制定专门的施工工艺。土石混合堤、砌石墙（堤）以及混凝土墙（堤）施工所采用的石料和砂砾料质量，应符合《水利水电工程天然建筑材料勘察规程》（SL 251—2015）的要求。拌制混凝土和水泥砂浆的水泥、砂石骨料、水、外加剂的质量，应符合《水工混凝土施工规范》（SL 677—2014）的规定。应根据反滤准则选择反滤层不同粒径组成的反滤料。陆上料区开挖前必须将其表层的杂质和耕作土、植物根系等清除；水下料区开挖前应将表层稀软淤土清除。在筑堤材料开挖方面，土料的天然含水量接近施工控制下限值时，宜采用立面开挖；若含水量偏大，宜采用平面开挖。当层状土料有须剔除的不合格料层时，宜用平面开挖，当层状土料允许掺混时，宜用立面开挖。冬季施工采料，宜用立面开挖。取土坑壁应稳定，立面开挖时，严禁掏底施工。

在堤基施工方面，一般规定，当堤基冻结后有明显冰夹层和冻胀现象时，未经处理，不得在其上施工。对堤基开挖或处理过程中的各种情况应及时详细记录，经分部工程验收合格后，方能进行堤身填筑。基坑积水应及时抽排，对泉眼应分析其成因和对堤防的影响后予以封堵或引导；开挖较深堤基时，应防止滑坡。堤基基面清理范围包括堤身、铺盖、压载的基面，其边界应在设计基面边线外 30～50cm。堤基表层不合格土、杂物等必须清除，堤基范围内的坑、槽、沟等，应按堤身填筑要求进行回填处理。堤基开挖、清除的弃土、杂物、废渣等，均应运到指定的场地堆放。基面清理平整后，应及时报验。基面验收后应抓紧施工，若不能立即施工，应做好基面保护，复工前应再检验，必要时需重新清理。

在堤身填筑施工方面，当地面起伏不平时，应按水平分层由低处开始逐层填筑，不得顺坡铺填；堤防横断面上的地面坡度陡于 1∶5 时，应将地面坡度削至缓于 1∶5。分段作业面的长度不应小于 100m；人工施工时段长可适当减短。作业面应分层统一铺土、统一碾压，并配备人员或平土机具参与整平作业，严禁出现界沟。在软土堤基上筑堤时，如堤身两侧设有压载平台，两者应按设计断面同步分层填筑，严禁先筑堤身后压载。相邻施工段的作业面宜均衡上升，若段与段之间不可避免出现高差，应以斜坡面相接，已铺土料表面在压实前被晒干时，应洒水湿润。用光面碾磙压实黏性土填筑层，在新层铺料前，应对压光层面做刨毛处理。填筑层检验合格后因故未继续施工，因搁置较久或经过雨淋干湿交替使表面产生疏松层时，复工前应进行复压处理。若发现局部“弹簧土”、层间光面、层间中空、松土层或剪切破坏等质量问题，应及时进行处理，并经检验合格后，方准铺填新土。施工过程中应保证观测设备的埋设安装和测量工作的正常进行，并保护观测设备和测量标志完好。在软土地基上筑堤，或用较高含水量土料填筑堤身时，应严格控制施工速度，必要时应在地基、坡面设置沉降和位移观测点，根据观测资料分析结果，指导安全施工。对占压堤身断面的上堤临时坡道做补缺口处理，应将已板结老土刨松，与新铺土料统一按填筑要求分层压实。堤身全断面填筑完毕后，应做整坡压实及削坡处理，并对堤防两侧护堤地面的坑洼进行铺填平整。

在铺料作业方面，应按设计要求将土料铺至规定部位，严禁将砂（砾）料或其他透水料与黏性土料混杂，上堤土料中的杂质应予清除；土料或砾质土可采用进占法或后退法卸料，砂砾料宜用后退法卸料；砂砾料或砾质土卸料时如发生颗粒分离现象，应将其拌和均匀；铺料厚度和土块直径的限制尺寸，宜通过碾压试验确定；在缺乏试验资料时，可参照表 2.5 的规定取值。

表 2.5　不同压实机具的工作技术参数　　单位：cm

压实功能类型	压实机具种类	铺料厚度	土块限制直径
轻型	人工夯、机械夯	15～20	≤5
	5～10t 平碾	20～25	≤8
中型	12～15t 平碾斗容 $2.5m^3$ 铲运机 5～8t 振动碾	25～30	≤10
重型	斗容大于 $7m^3$ 铲运机 10～16t 振动碾加载气胎碾	30～50	≤15

同时，铺料至堤边时，应在设计边线外侧各超填一定余量：人工铺料宜为 10cm，机械铺料宜为 30cm。

在碾压施工方面，碾压机械行走方向应平行于堤轴线；分段、分片碾压，相邻作业面的搭接碾压宽度，平行堤轴线方向不应小于 0.5mm；垂直堤轴线方向不应小于 3m；拖拉机带碾磙或振动碾压实作业，宜采用进退错距法，碾迹搭压宽度应大于 10cm；铲运机兼做压实机械时，宜采用轮迹排压法，轮迹应搭压轮宽的 1/3；机械碾压时应控制行车速度，以不超过下列规定为宜：平碾为 2km/h，振动碾为 2km/h，铲运机为 2 挡。机械碾压不到的部位，应辅以夯具夯实，夯实时应采用连环套打法，夯迹双向套压，夯压夯 1/3，行压行 1/3；分段、分片夯实时，夯迹搭压宽度应不小于 1/3 夯径。砂砾料压实时，洒水量宜为填筑方量的 20%～40%；中细砂压实的洒水量，宜按最优含水量控制；压实施工宜用履带式拖拉机带平碾、振动碾或气胎碾。表 2.6 为碾压土堤单元工程压实质量合格标准。

表 2.6　碾压土堤单元工程压实质量合格标准　　%

堤型		筑堤材料	干密度合格率	
			1、2 级土堤	3 级土堤
均质堤	新筑堤	黏性土	≥85	≥80
		少黏性土	≥90	≥85
	老堤加高培厚	黏性土	≥85	≥80
		少黏性土	≥85	≥80
非均质堤	防渗体	黏性土	≥90	≥85
	非防渗体	少黏性土	≥85	≥80

任务 2.3　渠　道　工　程

渠道工程施工包括渠道开挖、渠堤填筑和渠道衬护，其特点是：工程量大，施工线路长，场地分散；但工种单纯，技术要求较低，工作面宽，可以同时组织较多的劳力施工。

2.3.1 渠道开挖

渠道开挖的施工方法有人工开挖、机械开挖和爆破开挖等。选择开挖方法，取决于技术条件、土壤种类、渠道纵横断面尺寸、地下水位等因素。下面就几种方法做介绍。

2.3.1.1 人工开挖渠道

1. 施工排水

渠道开挖关键是排水问题。排水应本着上游照顾下游、下游服从上游的原则，即向下游放水的时间和流量，应照顾下游的排水条件，同时下游应服从上游的需要，一般下游应先开工，并不得阻碍上游水量的排泄，以保证水流畅通。如遇有需排除的降水和地下水，还必须开挖排水沟。

2. 开挖方法

在干地施工，应自中心向外，分层开挖，先深后宽，边坡处可按边坡比挖成台阶状，待挖至设计要求时，再进行削坡。如有条件应尽可能做到挖填平衡。必须弃土时，应先规划堆土区，横断面方向做到远挖近倒、近挖远倒、先平后高，渠道开挖时，可根据土质、地下水和地形条件，分别采用不同的施工方法。

(1) 龙沟一次到底法。该法适用于土质较好如黏性土、地下水来量小、总挖深1～2m的渠道，一次将龙沟开挖到设计高程以下0.3～0.5m，然后由龙沟向左右扩大，如图2.6所示。

(2) 分层开挖龙沟法。在开挖深度较差、龙沟一次开挖到底有困难时，可以根据地形施工条件分层开挖龙沟，分层挖土，如图2.7所示。

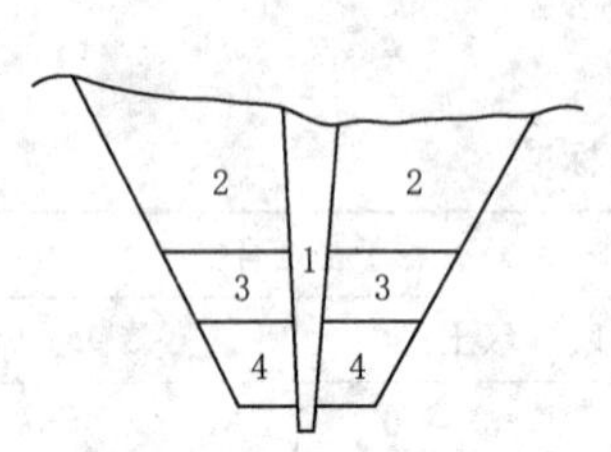

图2.6 龙沟一次到底法
(1～4为开挖顺序)
1—排水沟

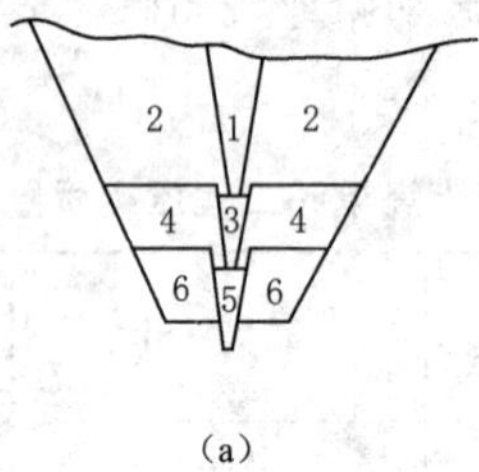

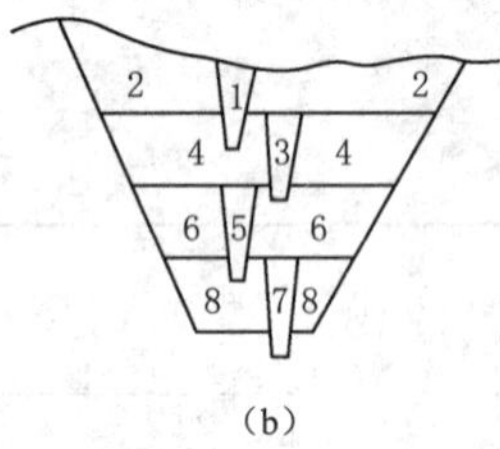

图2.7 分层开挖龙沟法（1～8为开挖顺序）
(a) 中心龙沟法；(b) 滚龙沟法
1、3、5、7—排水沟

图2.7 (a) 所示中心龙沟法适用于工期短、地下水来量小和平地开挖的工地。

图2.7 (b) 所示滚龙沟法适用于开挖深度大、土质差、地下水来量大、可以双面出土的工地，采用双龙沟分层交叉开挖，每层龙沟开挖断面小，便于争取时间。

3. 边坡开挖与削坡

开挖渠道如一次开挖成坡，将影响开挖进度。因此，一般先按设计坡度要求挖成台阶状，其高宽比按设计坡度要求开挖，最后进行削坡，这样施工，削坡方量小，但施工时必须严格掌握，台阶平台应水平，高必须与平台垂直，否则会产生较大误差、增加削坡方量。

2.3.1.2 机械开挖渠道

1. 推土机开挖渠道

采用推土机开挖渠道，其深度一般不宜超过 1.5～2.0m，填筑渠道高度不宜超过 2～3m，其边坡不宜陡于 1∶2（图 2.8）。在渠道施工中，推土机还可以平整渠底、清除植土层、修整边坡。

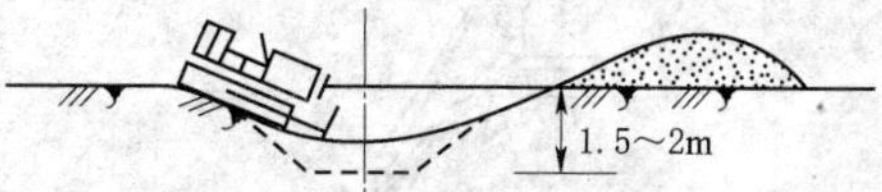

图 2.8 推土机开挖渠道

2. 铲运机开挖渠道

半挖半填渠道或全挖方渠道就近弃土时，采用铲运机开挖最为有利。需要在纵向调配土方的渠道，如运距不远，也可用铲运机开挖。

铲运机开挖渠道的开行方式有以下几种：

(1) 环形开行。当渠道开挖宽度大于铲土长度，而填土或弃土宽度又大于卸土长度，可采用横向环形开行，如图 2.9（a）所示；反之，则采用环形纵向开行，如图 2.9（b）所示。铲土和填土位置可逐渐错动，以完成所需要的断面。

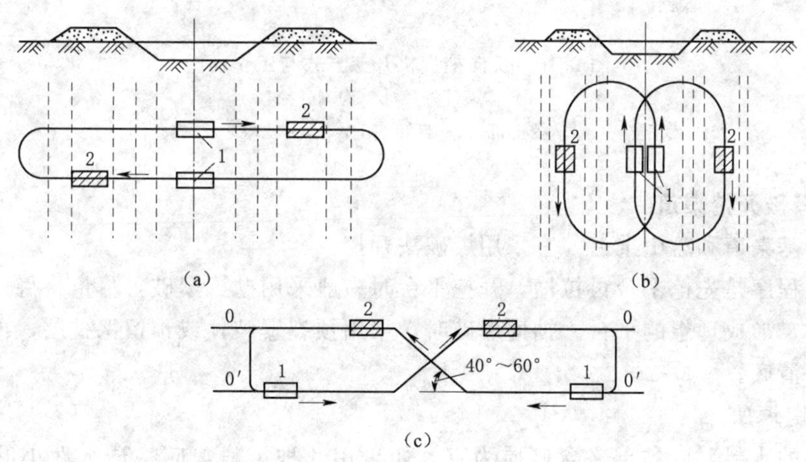

图 2.9 产运机的开行路线

(a) 环形横向开行；(b) 环形纵向开行；(c)“8”字形开行

1—铲土；2—填土；0—0—填方轴线；0′—0′—挖方轴线

(2)“8”字形开行。当工作前线较长、填挖高差较大时，则应采用“8”字形开行[图 2.9（c）]。其进口坡道与挖方轴线间的夹角以 40°～60°为宜，过大则重车转弯不便，过小则需加大运距。

采用铲运机工作时，应本着挖近填远、挖远填近的原则施工，即铲土时先从填土区最近的一端开始，先近后远；填土则从铲土区最远的一端开始，先远后近，依次进行，这样不仅创造了下坡铲土的有利条件，还可以在填土区内保持一定长度的自然地面，以便铲运机能高速行驶。

3. 反向挖掘机开挖渠道

渠道开挖较深时，采用反向挖掘机开挖是较为理想的选择，该方案有方便快捷、生产率高的特点，在生产实践应用相当广泛，其布置方式有沟端开挖和沟侧开挖，如图 2.10 所示。

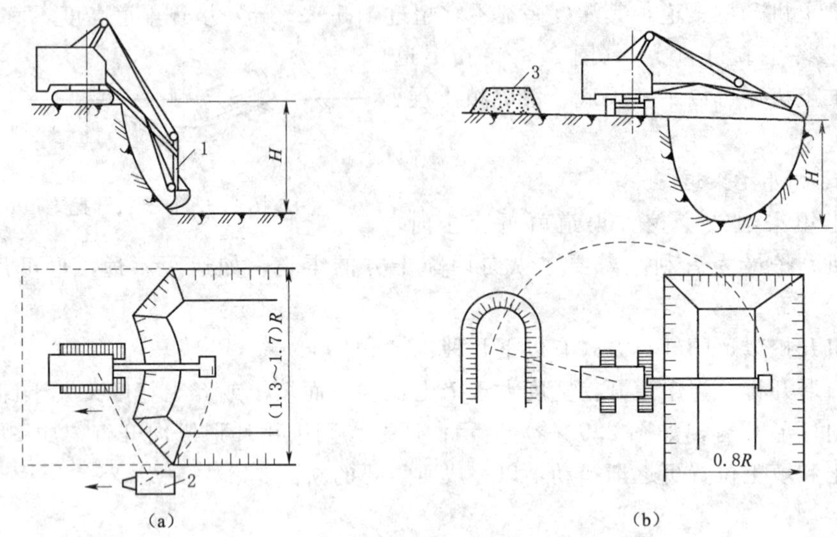

图 2.10 反向挖掘机开挖方式与工作面

(a) 沟端开挖；(b) 沟侧开挖

1—挖土机；2—自卸汽车；3—弃土堆

2.3.1.3 爆破开挖渠道

对于岩基渠道和盘山渠道，宜采用爆破法开挖。

其开挖程序是先挖平台再拉槽，开挖平台时一般采用抛掷爆破，尽量将待开挖土体抛向预定地方，形成理想的平台。抽槽爆破时，采用预裂爆破，或预留保护层，再采取浅孔小炮或人工清底。

2.3.2 渠堤填筑

筑堤用的土料，以黏土略含砂质为宜。如果用几种土料，应将透水性小的填在迎水坡，透水性大的填在背水坡。土料中不得掺有杂质，并应保持一定的含水量，以利压实。

填方渠道的取土坑与堤脚保持一定距离，挖土深度不宜超过 2m，且中间应留有土埂。取土宜先远后近，并留有斜坡道以便运土。半填半挖渠道应尽量利用挖方筑堤，只有在土料不足或土质不适用时，才在取土坑取土。

铺土前应先行清基，并将基面略加平整，然后进行刨毛，铺土厚度一般为 20～30cm，并应铺平铺匀。每层铺土宽度应略大于设计宽度，以免削坡后断面不足。堤顶应做成坡度为 2%～5%的坡面，以利排水。填筑高度应考虑沉陷，一般可预加 5%的陷量。

对小型渠道土堤夯实宜采用人力夯和蛙式夯击机。对砂卵石填堤在水源充沛时可用水力夯实，否则选用轮胎碾或振动碾，在四川某工程的砂卵石填筑中，利用轮胎式装载机碾压取得了较好的技术经济效果。

2.3.3 渠道衬护

渠道衬护是渠道施工的重要组成部分，渠道衬护的目的是防止渗漏、保护渠基不风化、减少糙率、美化建筑物。渠道衬护的类型有灰土、砌石、混凝土、沥青材料及塑料薄膜等。在选择衬护类型时，应考虑以下原则：防渗效果好，因地制宜，就地取材，施工简易，能提高渠道输水能力和抗冲能力，减小渠道断面尺寸，造价低廉，有一定的耐久性，便于管理养护，维修费用低等。

2.3.3.1 砌石衬护

在砂砾石地区坡度大、渗漏强的渠道，采用浆砌卵石衬护，有利于就地取材、发挥当地河工的技术特长，是一种经济的抗冲防渗措施，同时还具有较高的抗磨能力和抗冻性，一般可减少渗漏量的 80%～90%。施工时应先按设计要求铺设垫层，然后再砌卵石；砌卵石的基本要求是使卵石的长边垂直于边坡或渠底，并砌紧、砌平、错缝、坐落在垫层上，如图 2.11 所示。为了防止砌面被局部冲毁而扩大，每隔 10～20m 距离用较低的卵石砌一道隔墙。渠坡隔墙可砌成平直形，渠底隔墙可砌成拱形，其拱顶迎向水流方向，以加强抗冲能力。隔墙深度可根据渠道可能冲刷深度确定。

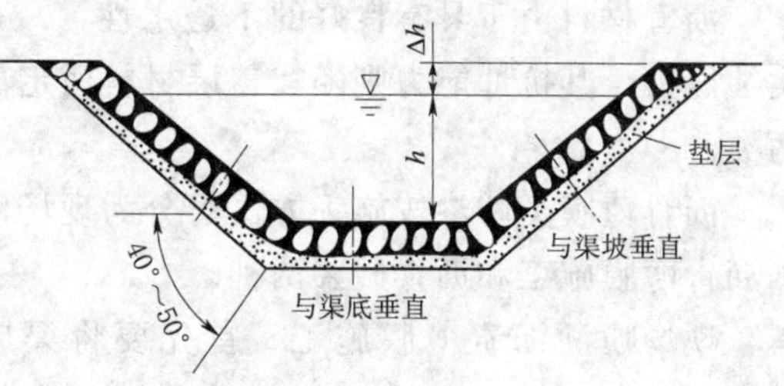

图 2.11 浆砌卵石渠道衬砌示意图

渠底卵石的缝最好垂直于水流方向，这样抗冲效果较好。不论是渠底还是渠坡，砌石缝面必须用水泥砂浆压缝，以保证施工质量。

2.3.3.2 混凝土衬护

混凝土衬护由于防渗效果好，一般能减少 90%以上渗漏量，耐久性强，糙率小，强度高，便于管理，适应性强，因而成为一种广泛采用的衬护方法。

渠道混凝土衬砌，目前多采用板形结构，但小型渠道也采用槽形结构。素混凝土板常用于水文地质条件较好的渠段；钢筋混凝土板则用于地质条件较差和防渗要求较高的重要渠道。钢筋土板按其截面形状的不同，又有矩形板、楔形板、肋形板等不同形式。矩形板适用于无冻胀地区的各种渠道。楔形板、肋形板多用于冻胀地区的各种渠道。

大型渠道的混凝土衬砌多为就地浇筑，渠道在开挖和压实处理以后，先设置排水，铺设垫层，然后再浇筑，渠底跳仓浇筑，但也有依次连续浇筑的。渠坡分块浇筑时，先立两侧模板，然后随混凝土的升高，边浇筑边安设表面模板。如渠坡较缓用表面振动器捣实混凝土，则不安设表面模板。在浇筑中间块时，应按伸缩缝宽度设立两边的缝子板。缝子板在混凝土凝固以后拆除，以便灌浇沥青油膏等填缝材料。

混凝土拌和站的位置，应根据水源、料场分布和混凝土工程量等因素来确定。中、小型工程人工施工时，拌和站控制渠道长度以 150～400m 为宜；大型渠道采用机械化施工时，以每 3km 移动一次拌和站为宜。有条件时还可采用移动式拌和站或汽车搅拌机。

装配式混凝土衬砌，是在预制场制作混凝土板，运至现场安装和灌筑填缝材料。预制板的尺寸应与起吊运输设备的能力相适应，人工安装时，一般为 0.4～0.6m^2。装配式衬砌预制板的，施工受气候影响条件较小，在已运用的渠道上施工，可缓解施工与放水间的矛盾。但装配式衬砌的接缝较多，防渗、抗冻性能差，一般在中小型渠道采用。

2.3.3.3 钢丝网水泥衬护

该方法是一种无模化施工，其结构为柔性，适应变形能力强，在渠道衬护中有较好的应用前景。

其做法是在平整的基底（渠底或渠坡）上铺小间距的钢丝，然后再抹水泥砂浆或喷浆。其操作简单、易行。

2.3.3.4 沥青材料衬护

沥青材料由于具有良好的不透水性，一般可减少渗漏量的90%以上，并具有抗碱类腐蚀能力，其抗冲能力则随覆盖层材料而定。沥青材料渠道衬护有沥青薄膜与沥青混凝土两类。

沥青薄膜类防渗按施工方法可分为现场浇筑和装配式两种。现场浇筑又可分为现场喷洒沥青薄膜施工和沥青砂浆两种。

现场喷洒沥青薄膜施工，首先要将渠床整平、压实，并洒水少许，然后将温度为2000℃的软化沥青用喷洒机具，在354kPa压力下均匀地喷洒两层以上，厚度6～7m，各层需结合良好。喷洒沥青薄膜后，应及时进行质量检查和修补工作。最后在薄膜表面铺设保护层，如图2.12所示。一般素土保护的厚度，小型渠道多用10～30cm，大型渠道多用30～50cm。渠道内坡以不陡于1∶1.75为宜，以免保护层产生滑动。

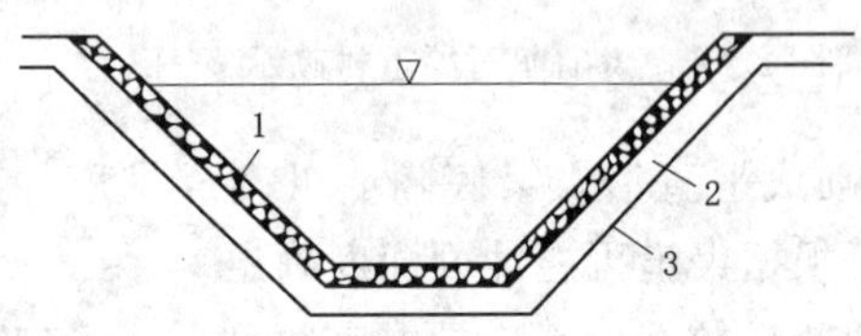

图2.12 现场喷洒沥青薄膜衬护渠道
1—砾石铺盖；2—保护层；3—沥青薄膜

沥青砂浆防渗多用于渠底。施工时先将沥青和砂分别加热，然后进行拌和，拌好后保持在160～180℃，即行现场摊铺，然后用大方铣反复烫压，直至出油，再做保护层。

沥青混凝土衬护分现场铺筑与预制安装两种施工方法。现场铺筑与沥青混凝土面板施工相似。预制安装多采用矩形预制板。施工时为保证在运用过程中不被折断，可设垫层，并对表面进行平整。安装时应将接缝错开，顺水流方向，不应留有通缝，并将接缝处理好。

2.3.3.5 塑料薄膜衬护

采用塑料薄膜进行渠道防渗，具有效果好、适应性强、重量轻、运输方便、施工速度快和造价较低等优点。用于渠道防渗的塑料薄膜厚度以0.12～0.20mm为宜。塑料薄膜的铺设方式有表面式和埋藏式两种。表面式是将塑料薄膜铺于渠床表面。薄膜容易老化和遭受破坏。埋藏式是在铺好的塑料薄膜上铺筑土料或砌石作为保护层。由于塑料表面光滑，为保证渠道断面的稳定、避免发生渠坡保护层滑塌，渠床边坡宜采用锯齿形。保护层厚度一般不小于30cm。

塑料薄膜衬护渠道施工大致可分为渠床开挖和修整、塑料薄膜的加工和铺设、保护层的填筑三个过程。薄膜铺设前，应在渠床表面加水湿润，以保证薄膜能紧密地贴在基土上。铺设时，将成卷的薄膜展开铺设，然后再填筑保护层。铺填保护层时，渠底部分应从一端向另一端进行，渠坡部分则应自下向上逐渐推进，以排除薄膜下的空气。保护层分段填筑完毕后，再将塑料薄膜的边缘固定在顺渠顶开挖的堑壕里，并用土回填压紧。

塑料薄膜的接缝可采用焊接或搭接。焊接有单层热合与双层热合两种，如图2.13所示。搭接时为减少接缝漏水，上游一块塑料薄膜应搭在下游一块之上，搭接长度为5cm，也可用连接槽搭接，如图2.14所示。

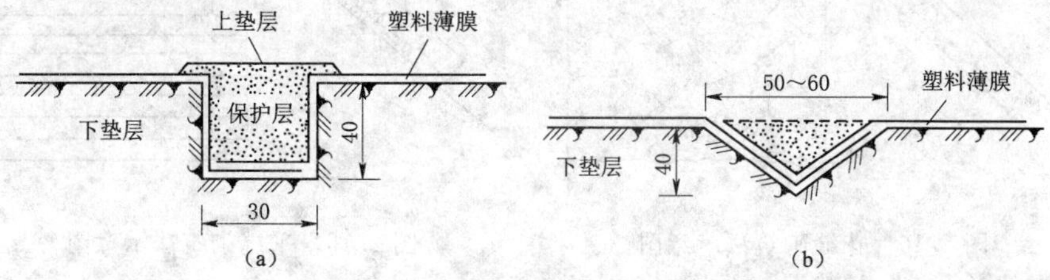

图2.13 塑料薄膜焊接接缝示意图（单位：cm）

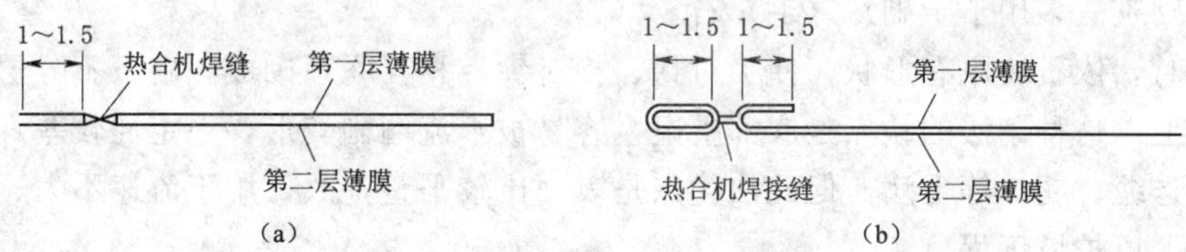

图2.14 有连接槽搭接方式接缝示意图（单位：cm）

任务2.4 砌 石 工 程

根据施工中是否使用了胶凝材料，砌石工程砌筑形式主要有干砌和浆砌两种。

砖石砌筑时应遵守以下基本原则：

(1) 砌体应分层砌筑，其砌筑面力求与作用力的方向垂直，或使砌筑面的垂线与作用力方向的夹角小于13°～16°，否则受力时易产生层间滑动。

(2) 砌块间的纵缝应与作用力方向平行，否则受力时易产生楔块作用，对相邻块产生挤动。

(3) 上下两层砌块间的纵缝必须互相错开，以保证砌体的整体性，以便传力。

2.4.1 干砌石

干砌是指将石块摆好、缝隙严密、缝间不用砂浆填塞的施工形式。

2.4.1.1 砌筑前的准备工作

(1) 备料。

(2) 基础清理。

(3) 铺设反滤层。

反滤层的各层厚度、铺设位置、材料级配和粒径以及含泥量均应满足规范要求，铺设时应与砌石施工配合，自下而上，随铺随砌，接头处各层之间的连接要层次清楚，防止层间错动或混淆。

2.4.1.2 干砌石施工

1. 施工方法

其施工方法有两种：花缝砌筑法和平缝砌筑法，如图2.15和图2.16所示。

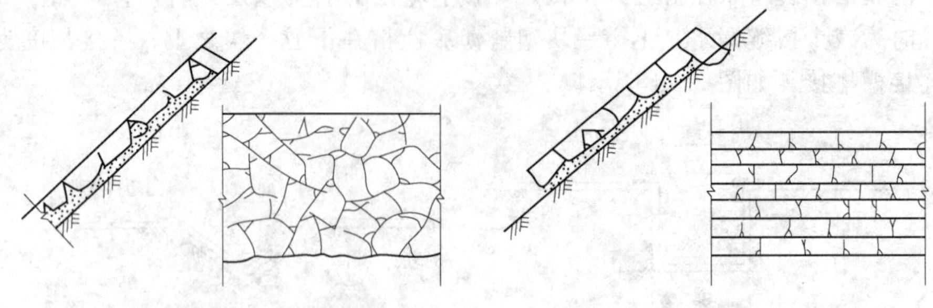

图 2.15　花缝砌筑法示意图　　图 2.16　平缝砌筑法示意图

（1）花缝砌筑法。

花缝砌筑法多用于干砌片（毛）石。

砌筑时，依石块原有形状，使尖对拐、拐对尖，相互联系砌成。砌石不分层，一般多将大面向上。这种砌法的缺点是底部空虚，容易被水流淘刷变形，稳定性较差，且不能避免重缝、迭缝、翘口等毛病。但此法优点是表面比较平整，故可用于流速不大、不承受风浪淘刷的渠道护坡工程。

（2）平缝砌筑法。

砌筑前，安放一块石块必须先进行试放，竖向直缝必须错开。

封边：对护坡水下部分的封边，常采用大块石单层或双层干砌封边，然后将边外部分用黏土回填夯实，有时也可采用浆砌石封边。

对护坡水上部分的顶部封边，则常采用比较大的方正块石砌成 40cm 左右宽度的平台，平台后所留的空隙用黏土回填夯实（图 2.17）。

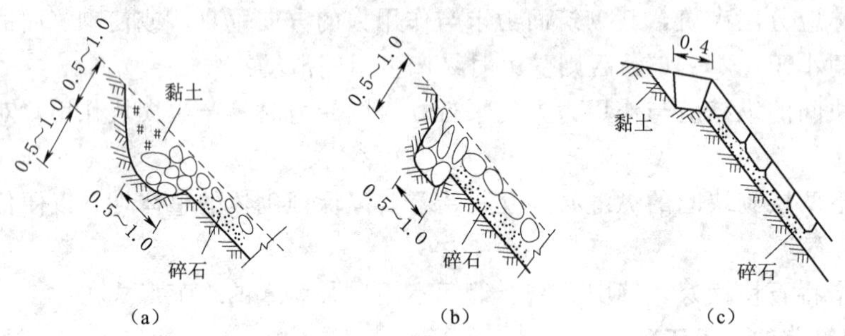

图 2.17　干砌石封边

（a）坡面封边；（b）坡顶封边；（c）完成后干砌石

对于挡土墙、闸翼墙等重力式墙身顶部，一般用混凝土封闭。

2. 干砌石的砌筑要点

常见缺陷：缝口不紧、底部空虚、鼓心凹肚、重缝、飞缝、飞口（即用很薄的边口未经砸掉便砌在坡上）、翘口（上下两块都是一边厚一边薄，石料的薄口部分互相搭接）、悬石（两石相接不是面的接触，而是点的接触）、浮塞叠砌、严重蜂窝以及轮廓尺寸走样等（图 2.18）。

2.4.2 浆砌石

2.4.2.1 胶结材料介绍

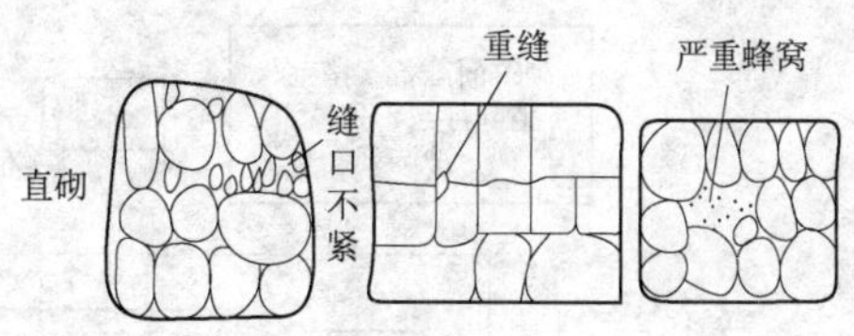

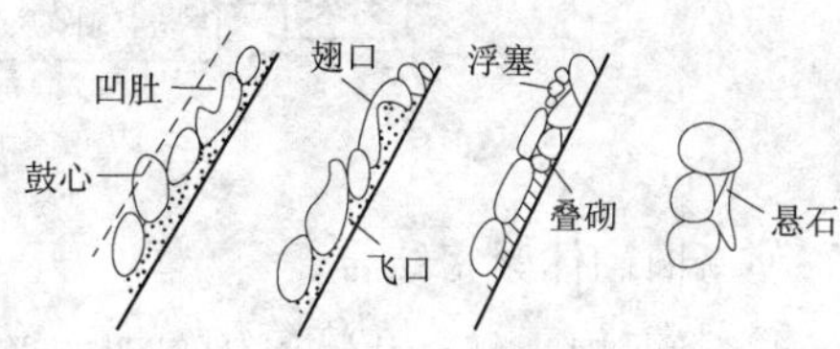

图 2.18 干砌石缺陷

胶结材料按使用特点分为砌筑砂浆、勾缝砂浆，按材料类型分为水泥砂浆、石灰砂浆、石灰砂浆、水泥石灰砂浆、小石混凝土等。

1. *水泥砂浆*

常用的水泥砂浆强度等级分为 M15、M10、M7.5、M5、M2.5、M1、M0.4 等 7 个级别。水泥强度等级不宜低于 32.5MPa。

2. *石灰砂浆*

配制砂浆时按配合比（一般灰砂比为 1：3）取出石灰膏加水稀释成浆，再加入砂中拌和。

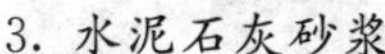

3. *水泥石灰砂浆*

水泥石灰砂浆是用水泥、石灰两种胶结材料配合与砂调制成的砂浆。

4. *小石混凝土*

小石混凝土分一级配和二级配两种。一级配采用 20mm 以下的小石，二级配中粒径 5～20mm 的占 40％～50％、20～40mm 的占 50％～60％。小石混凝土坍落度以 7～9cm 为宜，小石混凝土还可节约水泥、提高砌体强度。

2.4.2.2 砂浆质量控制要点

（1）要控制用水量。

（2）砂浆应拌和均匀，不得有砂团和离析。

（3）砂浆的运送工具使用前后均应清洗干净，不得有杂质和淤泥，运送时不要急剧下跌、颠簸，防止砂浆水砂分离。

2.4.2.3 浆砌石施工工艺

浆砌石是用胶结材料把单个的石块联结在一起，使石块依靠胶结材料的黏结力、摩擦力和块石本身重量结合成为新的整体，以保持建筑物的稳固，同时，充填石块间的空隙，堵塞了一切可能产生的漏水通道。

浆砌石施工的砌筑要领：平、稳、满、错。

平：同一层面大致砌平，相邻石块的高差宜小于 2～3cm。

稳：单块石料的安砌务求自身稳定。

满：灰缝饱满密实，严禁石块间直接接触。

错：相邻石块应错缝砌筑，尤其不允许顺水流方向通缝。

浆砌石工程砌筑的工艺流程如图 2.19 所示。

（1）铺筑面准备。

1）岩基面：在砌石开始之前应将表面已松散的岩块剔除，具有光滑表面的岩石须人工凿毛，并清除所有岩屑、碎片、泥沙等杂物。

2）土壤地基：按设计要求处理。

3）水平施工缝：一般要求在新一层块石砌筑前凿去已凝固的浮浆，并进行清扫、冲

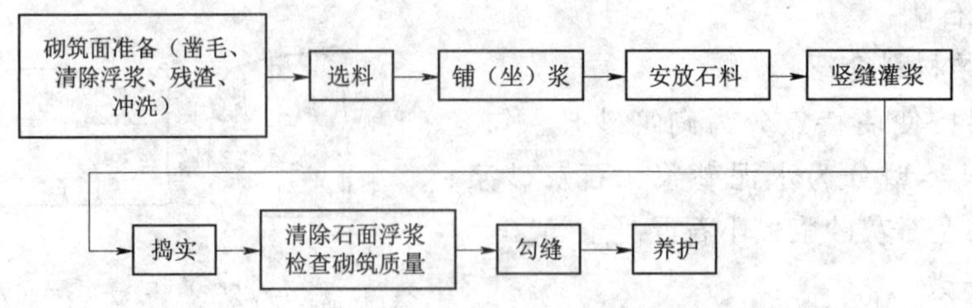

图 2.19 浆砌石工程砌筑的工艺流程

洗，使新旧砌体紧密结合。

4）临时施工缝：在恢复砌筑时，必须进行凿毛、冲洗处理。

（2）选料。

（3）铺（坐）浆。逐块坐浆、逐块安砌，坐浆密实，坐浆一般只宜比砌石超前 0.5～1m，坐浆应与砌筑相配合。

（4）安放石料。把洗净的湿润石料安放在坐浆面上，用铁锤轻击石面，以使坐浆开始溢出为度。

石料之间的砌缝宽度（采用水泥砂浆砌筑）：块石的灰缝厚度一般为 2～4cm，料石的灰缝厚度为 0.5～2cm，采用小石混凝土砌筑时，一般为所用骨料最大粒径的 2～2.5 倍。安放石料时应注意，不能产生细石架空现象。

（5）竖缝灌浆。

做法：一般灌浆与石面齐平，水泥砂浆用捣插棒捣实，小石混凝土用插入式振捣器振捣，振实后缝面下沉，待上层摊铺坐浆时一并填满。

（6）振捣。

层间铺砌间隔：每一层铺砌完 24～36h 后（视气温及水泥种类、胶结材料强度等级而定），即可冲洗，准备上一层的铺砌。

2.4.2.4 浆砌石施工

1. 基础砌筑

验槽：检查基槽（或基坑）的尺寸和标高，清除杂物，接着放出基础轴线及边线。

做法：砌第一层石块时，基底应坐浆。对于岩石基础，坐浆前还应洒水湿润。第一层使用的石块尽量挑大一些的，这样受力较好，并便于错缝。石块第一层都必须大面向下放稳，以脚踩不动即可。不要用小石块来支垫，要使石面平放在基底上，使地基受力均匀基础稳固。在面上各部位的砌筑顺序是：角石、面石、腹石。

角石：选择比较方正的石块，砌在各转角处，称为角石，角石两边应与准线相合。

面石：角石砌好后，再砌里、外面的石块，称为面石。

腹石：最后砌填中间部分，称为腹石。砌填腹石时应根据石块自然形状交错放置，尽量使石块间缝隙最小，再将砂浆填入缝隙中，最后根据各缝隙形状和大小选择合适的小石块放入用小锤轻击，使石块全部挤入缝隙中。禁止采用先放小石块后灌浆的方法。

接砌第二层以上石块。

2. 灰缝及各部位石料要求

(1) 灰缝厚度宜为 20～30mm，砂浆应饱满。

(2) 阶梯形基础上的石块应至少压砌下级阶梯的 1/2，相邻阶梯的块石应相互错缝搭接。

(3) 基础的最上一层石块，宜选用较大的块石砌筑。基础的第一层及转角处和交接处，应选用较大的块石砌筑。

(4) 块石基础的转角及交接处应同时砌起。如不能同时砌筑又必须留搓，应砌成斜搓。

注意：块石基础每天可砌高度不应超过 4.2m。在砌基础时还必须注意不能在新砌好的砌体上抛掷块石，这会使已黏在一起的砂浆与块石受振动而分开，影响砌体强度。

3. 挡土墙要求

(1) 砌筑块石挡土墙时，块石的中部厚度不宜小于 20cm。

(2) 每砌 3～4 皮为一分层高度，每个分层高度应找平一次。

(3) 外露面的灰缝厚度，不得大于 4cm，两个分层高度间的错缝不得小于 8cm，如图 2.20 所示。

料石挡土墙的砌法要求：宜采用同皮内丁顺相间的砌筑形式。当中间部分用块石填筑时，丁砌料石伸入块石部分的长度应小于 20cm。

2.4.2.5 勾缝与分缝

1. 墙面勾缝

对石砌体表面进行勾缝的目的，主要是加强砌体整体性，同时还可增强砌体的抗渗能力，另外也美化外观。

勾缝按其形式，可分为凹缝、平缝、凸缝等，如图 2.21 所示。凹缝又可分为半圆凹缝、平凹缝；凸缝可分为平凸缝、半圆凸缝、三角凸缝等。

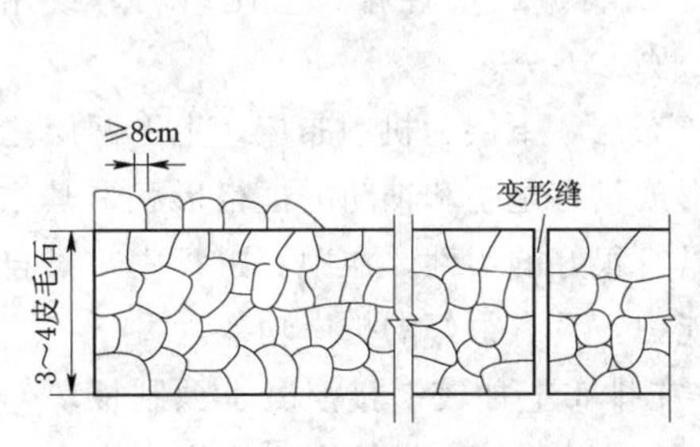

图 2.20 块石挡土墙立面

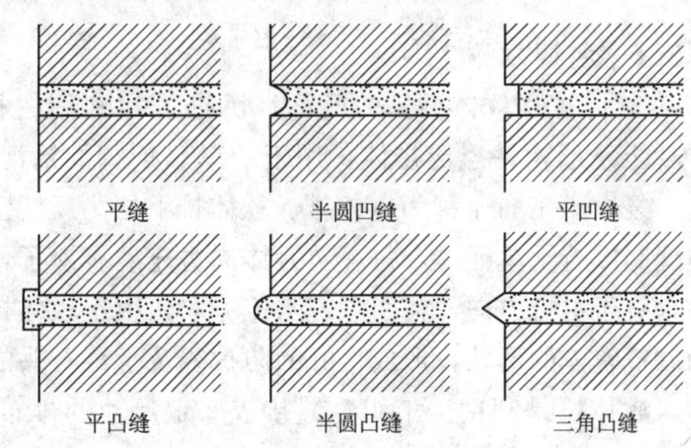

图 2.21 墙面勾缝形式

勾缝的程序：在砌体砂浆未凝固以前，先沿砌缝将灰缝剔深 20～30mm 形成缝槽，待砌体完成砂浆凝固以后再进行勾缝。

做法：勾缝前，应将缝槽冲洗干净，自上而下，不整齐处应修整。

砂浆强度等级应符合设计规定，一般应高于原砌体的砂浆强度等级。

勾凹缝时，先用铁钎子将缝修凿整齐，在墙面浇水湿润，然后将浆勾入缝内，再用板条或绳子压成凹缝，用灰抿赶压光平。凹缝多用于石料方正、砌得整齐的墙面。

勾平缝时，先在墙面洒水，使缝槽湿润后，将砂浆勾于缝中赶光压平，使砂浆压住石边，即成平缝。

勾凸缝时，先浇水润湿缝槽，用砂浆打底与石面相平，而后用扫把扫出麻面，待砂浆初凝后抹第二层，其厚度约为1cm，然后用灰抿拉出凸缝形状。凸缝多用于不平整石料。砌缝不平时，把凸缝移动一点，可使表面美观。

砌体的隐蔽回填部分，用原浆将砌缝填实抹平。

2. 伸缩缝

施工时，可按照设计规定的厚度、尺寸及不同材料做成缝板。缝板有油毛毡（一般常用三层油毛毡刷柏油制成）、柏油杉板（杉板两面刷柏油）等，其厚度为设计缝宽，一般均砌在缝中。油毛毡则需先立样架，将伸缩缝一边的砌体砌筑平整，然后贴上油毡，再砌另一边；采用柏油杉板做缝板，最好是架好缝板，两面同时等高砌筑，不需再立样架。

2.4.2.6 砌体养护

应在砌体胶结材料终凝后（一般砌完6～8h）及时洒水养护14～21d，最低不得少于7d。冬季当气温降至0℃以下时，要增加覆盖草袋、麻袋的厚度，加强保温效果。冰冻期间不得洒水养护。砌体在养护期内应保持正温。砌筑面的积水、积雪应及时清除，防止结冰。冬季水泥初凝时间较长，砌体一般不宜采用洒水养护。

注意：养护期间不能在砌体上堆放材料、修凿石料、碰动块石，否则会引起胶结面的松动脱离。砌体后隐蔽工程的回填，在常温下一般要在砌后28d方可进行，小型砌体可在砌后10～12d进行回填。

任务2.5 软体排施工

2.5.1 名词术语

软体排是软体沉排的简称。沉排是指利用树枝、埽料编成柔性排，上压石料，或用混凝土条形构件连成排体，用于护岸、护脚的治河工程。

复合土工布也称为软体排。软体排上层为反滤土工布层，下层为机织布层，上下两层之间缝制成若干单元体，每一单元体周边充灌有沙子，形成具有主肋和辅肋的框格形状，其主肋垂直于水流方向，辅肋顺着水流方向，由于软体排具有很好的柔性，在抛石过程中，可自动调节整体的形状，形成良好的防护线及承载石头的能力，具有很好的护岸功能。

软体排是利用土工织物缝接成一定尺寸的排布，在排布上加铰链接混凝土预制板块作为压重而形成的一种防冲结构，也是土工合成材料在江河岸坡、丁坝护底（护脚）中常用的一种结构形式。它覆盖在有水流冲刷处，既能削减冲击能量，又可利用土工织物的反滤作用，使覆盖面下的土粒不被水流冲走。

软体排材料各项物理力学性能指标经检测必须符合设计要求。

2.5.2 软体排制作

排体采用针刺无纺土工布与编织布缝制拼接而成，排体四边采用加筋带加筋。在围堤横断面方向，软体排整块制作，不准搭接或缝接，其尺度依所在断面结构尺度而定。在围堤轴线方向，软体排可以搭接或缝接，单块软体排尺度依制作条件和施工条件而定。

(1) 单块软体排的制作长度为垂直于堤轴线软体排铺设的宽度并略有余量，余量暂定为 0.5～0.8m。

(2) 加工时，砂肋加工成圆筒状，直径为 30cm，每根的长度为单块软体排的宽度，一次加工成型。在砂肋的两头分别设置充砂口、出水口。

(3) 加筋带沿单块软体排的长度方向（即垂直于堤轴线方向）直接缝接在编织布一侧，带与带之间的距离为 1m。缝制时，每间隔 1m，利用加筋带，缝制一个 $\Phi 280$ 的砂肋套，用来穿扦并固定砂肋于软体排布上。

(4) 单块排体土工布沿堤身轴线方向的拼接及砂肋套拼接和缝制采用包缝法（二道锦纶线，针脚间距≤7mm），缝制后强度不小于原织物设计强度的 70%，加筋带采用三道锦纶线（针脚间距≤10mm）可靠地缝制在软体排上。

(5) 软体排加工后，沿单块软体排的长度方向，在每块软体排的排尾缝接多根连结绳，连结绳采用 $\Phi 8$ 的尼龙绳，用以固定软体排。

(6) 软体排铺设时力求平整，不得有折叠现象，在围堤横断面应有所松弛，张力不可过紧，并确保定位精度和搭接长度。

(7) 软体排展开铺设就位后，应可靠地固定在软体排四周定位钢管上，及时充填砂肋袋压载，阻止软体排被水流、风浪作用而导致掀开移位。

(8) 软体排在制作、运输、堆放和铺设过程中，注意保护，不得出现破损和老化现象，如出现则采取补救措施。

2.5.3 排体布缝制工艺

2.5.3.1 软体排型号

根据护底位置和施工工艺不同，软体排分为 A 型、B 型、C 型三种。

A 型：余排为复合布砂肋压载，堤身无砂肋压载的软体排。

B 型：余排为复合布砂肋压载＋堤身为编织布砂肋压载的加筋软体排。

C 型：复合布砂肋加筋软体排。

2.5.3.2 材料要求

(1) A 型、B 型、C 型软体排底布均采用 380g/m^2 的编织无纺复合布制作，即 230g/m^2 编织布与 150g/m^2 短纤涤纶无纺布针刺复合。B 型、C 型在排体底布上加缝宽 5cm 的丙纶加筋带，加筋带间距为 1m。

(2) B 型软体排余排部分和 C 型软体排的压载砂肋采用 380g/m^2 编织无纺复合土工布（230g/m^2 编织布＋150g/m^2 无纺布），砂肋间距 1.0m。

(3) B 型软体排在堤身以下部分的压载砂肋采用 150g/m^2 编织布，砂肋间距 1.5m。

2.5.3.3 排体布缝制

1. 制作工艺流程

制作工艺流程如图 2.22 所示。

2. 加工方法

根据设计尺寸在单元片体上画线，标示出加筋带、砂肋套环的位置，用 GB4－1 工业缝

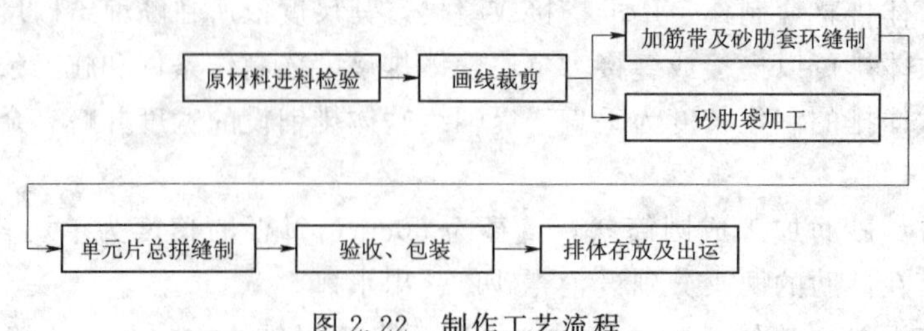

图 2.22　制作工艺流程

纫机将加筋带及砂肋套环缝制在单元片体上，采用包缝法将单元片体逐一总拼成一幅排体。

3. 施工技术措施和技术要求

(1) 原材料。

原材料进料应严格按照材料计划确定的尺寸、数量及进料时间执行，材料应覆盖，避免紫外线照射。

原材料进料后及时取样复验，按质量检验标准规定：随机抽样每 10000m^2 一个，并且每批不少于一个，检测合格后才能用于加工施工。

(2) 单元片画线。

根据设计要求加筋带的间距，砂肋固定环的间距，在土工布上用彩色笔逐一画出加筋带、砂肋固定环的位置。

加筋带末端预留直径 50mm 的加筋环，将其与铺排船卷筒上的绳扣相接，为确保足够的拉力，必须在加筋环内垫 $L=100$mm 的加筋带重叠加固。

(3) 加筋带、砂肋固定环缝制。

1) 根据加筋带画线位置，将加筋带缝制在土工布上，缝制线用 35 支三股锦纶线，双线缝制，针脚的间距要均匀、顺直，采用链式针脚，每 10cm 缝 10～14 针，接缝强度不低于原织物强度的 80%。

2) 砂肋固定环采用 50mm 宽加筋带做成直径 280mm 圈套，缝制在加筋带上，缝制时四道线固定，应有足够的数量和缝制强度，缝制强度不低于原织物强度的 80%。

(4) 砂肋袋缝制。

直径 300mm 砂肋采用幅宽 1.07m 的排布以丁缝缝制，缝线三道，线缝顺直均匀，每 10cm 缝 10～14 针，砂肋袋长度比排体宽度长 1m。

(5) 土工布单元片总拼。

将加工好的土工布单元片采用包缝法拼织在一起，采用双线缝制，针脚密度每 10cm 缝 10～14 针，针脚顺直均匀，缝制强度不低于原织物强度的 80%。

(6) 验收包装。

1) 排体验收。加工好的土工布依据质量检验标准进行检验验收，合格后才能准予出厂。

2) 排体包装。排体验收合格后，人工将排布每米一层折叠好，并每 2～3m 一道用细绳捆扎好，贴好标签和出厂合格证，使用黑色塑料包装保护。

4. 质量检验

(1) 土工织物的品种、规格和质量必须满足设计要求和有关规定。

(2) 土工织物拼接、缝制和缝合强度，必须符合设计要求和有关规定。

(3) 拼制用的土工织物，不应有破损，如有破损之处，必须进行修补，再用于缝制。

(4) 土工织物缝制允许偏差控制在设计和规范规定范围内。

2.5.4 软体排的堆放、吊运

(1) 成型后的软体排，沿软体排的长度方向进行折叠，将带有连接绳的排尾折叠在上面，用尼龙绳捆绑。

(2) 肋条按布的规格及每块软体排配置的根数分别绑扎在一块，并与同幅软体排号标注一致。

(3) 软体排使用前，堆放入库或在场外用塑料布覆盖，严禁暴露日晒。

(4) 软体排先由平板拖车送到出料码头，吊到运输船上，再由运输船送到铺排地点，采用铺排船进行铺排施工。

2.5.5 软体排铺设工艺

为了使软体排在受控状态下铺设下滑，并防止其扭曲，采用可俯仰变幅的沉排滑板将排体由船上引入水中。合理调整滑板倾角和每一移船步距内甲板外缘成型砂肋的条数，始终保证滑板上的排重产生的下滑力能克服排体与甲板间的静摩擦力，使排体成型与移船铺设实现连续流水作业。软体排铺设工艺如图 2.23 所示。

2.5.6 专用铺设船

2.5.6.1 沉排滑板

滑板是一种大型平面钢结构，设置在船舷一侧，外缘以钢丝绳—滑轮组悬吊于甲板边

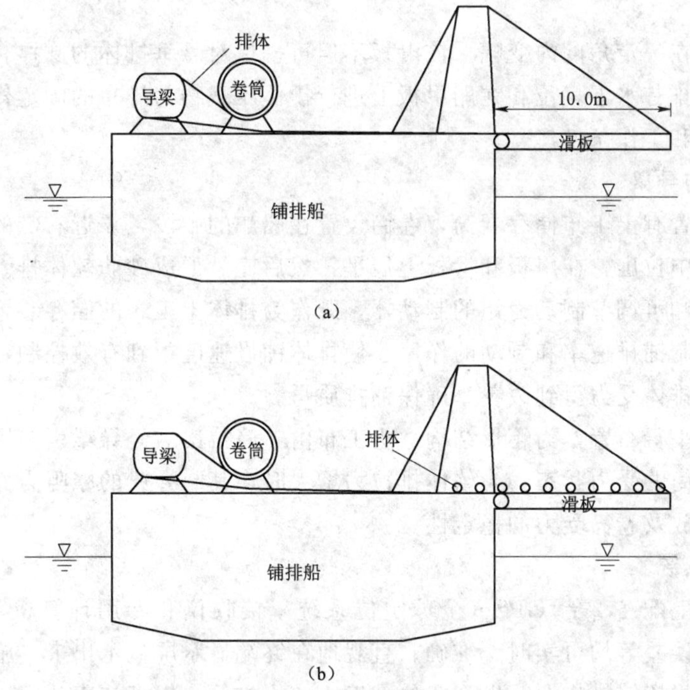

图 2.23（一） 软体排铺设工艺

(a) 滑板与甲板面齐平排体布在甲板和滑板上展开；(b) 滑板面上及甲板外缘范围内压载砂肋成型

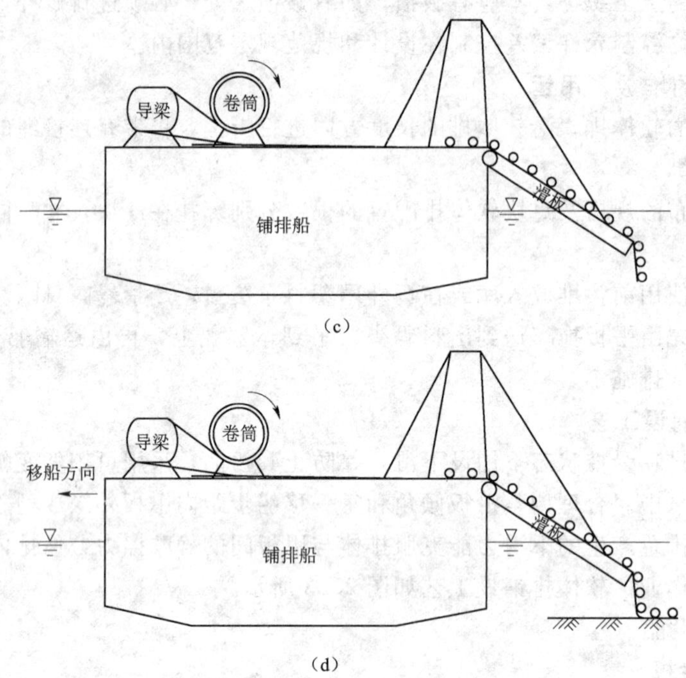

图 2.23（二） 软体排铺设工艺

(c) 滑板倾斜，松放卷筒，排体靠重力下滑入水；(d) 逐步在甲板外缘成型砂肋，分步退船，使排体铺设在河床面上

的将军柱上，可在一定角度内变幅。该滑板不但可提供对悬垂排体的支撑，引导软体排水下定位，而且对排首水下就位和在船甲板上进行排体压载物与排布的固定作业提供了十分有利的作业面积和工作条件。

2.5.6.2 卷筒与导梁

铺排船上配置有土工布储存卷筒，卷筒设置在船舶的中段，靠近右舷的甲板上。施工中土工布从卷筒中拉出，在甲板和滑板上展平，然后充砂形成砂肋软体排。该卷筒采用双向变速驱动装置和可调节制动力矩的制动器，既作为排体土工布的储存装置，又在排体铺设过程中起到控制铺排速率和制动的作用，使排体铺设速度得到有效控制，用以控制软体排沉放速度，使排体受力得到改善，确保铺排质量。

导梁与卷筒平行布置，为箱形结构。土工布由卷筒拉出后经导梁引向甲板。导梁的主要作用是改善卷筒的受力状态，当软体排拉力增大时，其与导梁的摩阻力亦随之增大，可保证排体均匀沉放及卷筒受力的稳定性。

2.5.6.3 定位系统

每艘铺排船上配备 2 台 GPS（全球定位系统）接收仪和专用计算机，使设计船位、实时船位、定位误差等均可实时、准确、直观地在终端显示屏显示出来。施工人员可根据显示屏上的位置指挥铺排作业，做到定位准确、使用方便，提高施工效率。

2.5.7 软体排土工布上卷筒

将一块成捆的土工布排体吊到铺排船卷筒前的甲板上拆封展开，验证排体的尺寸与设计是否相符，符合要求后才能开始卷排。

卷筒上每米设有吊鼻一个，吊鼻设钢丝绳，$\Phi 12$ 每根钢丝绳长度为 20m，钢丝绳另一端吊扣通过 $\Phi 15$ 卡环与双股 $\Phi 20$ 丙纶绳（长 30m×2 双抽）连接，丙纶绳另一端与排尾预缝的直径 50mm 的加筋环连接，缝制时加筋环已进行加固，启动卷筒开始卷排。卷排时铺排操作人员将布两边拉紧，保证排布卷紧卷匀，卷排时将排头展开平铺在铺排船的甲板上。

砂肋充灌及软体排铺设：

(1) 下排时间应选择在高平潮的落潮时间，避开涨潮的涌浪。

(2) 砂肋充灌：砂肋充灌操作人员将砂肋袋穿入排体上的砂肋环中，接通充砂管路与砂肋袋口，启动水力冲挖机组开始充砂，砂肋袋充满砂后，扎紧袋口。砂肋充填料宜采用砂性土，粒径大于 0.075mm 的颗粒含量应大于 50%，黏粒含量应小于 10%，充填饱满度宜为 80%。

(3) 软体排沉放：当滑板下倾至软体排缓缓下滑时，锁定滑板倾角，并利用铺排船上卷筒的刹车装置控制排体下滑长度，可使铺排船后移的距离与土工布软体排的下滑长度基本相同。利用沉至海底的部分排体的自重起锚锭作用，根据不同的水深可确定排首锚固长度，超过锚固长度后，即可通过移船来使排体受拉而平整地铺设至海底。

2.5.8 软体排铺设的质量监控

2.5.8.1 排体位置的监控

排体铺设过程中的位置主要通过调整船的位置来进行控制。在遇到急流时，可根据经验向搭接方向超前 1～2m 定位。铺设过程中，随时根据 GPS 显示调整锚缆，保证一定的顶流超前量；放排并同步移船时，注意保证移船位置与理论位置吻合。

2.5.8.2 铺后检测

为确保每幅软体排的铺设质量，及时掌握相邻排体间的实际搭接量和每幅排体的实际平面位置，应对每幅已铺设排体进行相邻排体间搭接宽度和实际平面位置的检测。

软体排的平面位置采用浮标法进行检测。沿排体长度方向两侧各均匀布置 5 个浮标检测点位。其检测方法为：整幅软体排铺设结束后，利用滑板作为检测平台，浮标与排体采用丙纶绳连接，移船至浮标处，将绳拉紧确保其处于铅垂状态，利用移动 GPS 检测该点的实际平面位置。将沿护底推进方向侧（下游）的 5 个测点的实际平面位置作为确定下一幅排体平面位置的修正依据，而护底起点方向侧（上游）5 个检测点的实际平面位置则作为与前一幅相邻排体间搭接量检测的依据。必要时，可由潜水员探摸相邻排边的搭接量进行校核。

任务 2.6 抛 石 施 工 工 法

抛石指的是为防止河岸或构造物受水流冲刷而抛填较大石块的防护措施。

其工序为：抛石前准备→抛石前测量→抛投试验→定位船定位→机械抛投→人工抛投→抛后测量检查→合格后移到下一抛投位置。

2.6.1 抛石前准备

器材设备、测量仪器：全站仪、回声仪、测绳、皮尺、浮标等；定位器材；木船 2

艘、铁锚和铁丝等；安全设备：救生圈、救生衣等其他一些必需设施；起吊设备：起重机、长臂钩机。

2.6.2 测量放样

由于抛石施工是位于水中，无法在水中确立施工位置，因而需在与施工位置对应的岸上设立标志，以确定施工位置。

(1) 测量放样方法。

1) 在抛区附近的岸边，根据建设单位提供的控制点，采用后方交会的方法在岸上测设一点，由此点放出施工基线。

2) 根据测设的已知点设立一条正基线（平行于抛区长度方向）或斜基线（不平行于抛区长度方向）。

3) 在基线上根据各施工小区的长度划分放出各基线桩。每25m为一桩位。

4) 由基线桩上测设出各断面桩（方向桩），方向桩应垂直于抛区长度方向。

(2) 测量放样技术要求。

1) 测量放样放出的基线桩与方向桩应与定位船通视良好。

2) 测量采用全站仪进行。

3) 利用测设点做控制点，采用极坐标法放出基线桩和方向桩，桩位距离误差小于5mm。

2.6.3 水下地形测量

采用全站仪绘制出水下原始地形图，沿基线方向25m测量一横断面，测点的水平间距控制在5m内。根据测量成果对抛投区进行划挡分格，绘制小区抛投网络图，抛石网格采取10m×10m的小网格比较合适，且能够满足一次性抛投到位的要求。局部岸线不顺直的地方采用变网格，但其网格大小不能超过20m×10m，根据图纸按网格上下断面方向的平均值求得按抛投断面计算出每个抛投小区的抛石数量，并对小区进行统一编号，报监理工程师核实后，作为抛石施工依据。

2.6.4 抛投试验

施工前先进行抛投试验，根据试验结果，结合测量计算量及位置进行抛石施工。

2.6.5 定位船定位

定位船的稳定性是定位作业的关键。同一抛石区使用一艘定位船定位，设立水中浮标。

2.6.6 抛投

用起重机起吊铅丝笼兜镇脚，抛格铅丝笼兜镇脚，长臂钩机就位，开始散抛石。散抛采用机械抛投与人工抛投相结合的方式，从远岸向近岸、从下游向上游进行抛投，循序渐进，分层抛投。

2.6.7 抛后测量

每次抛投完成后及时进行一次断面水下地形测量，和抛前测量的数据对比，以供抛投施工质量检测和缺陷部分及时补抛，直至达到设计要求。

2.6.8 开始下一抛区抛石

在开始下一个断面施工时又重复前一个施工断面程序。在施工过程中防止了漏抛、重复抛和区域外抛。

项目 3

混凝土工程施工

任务 3.1 混凝土的施工工艺

3.1.1 混凝土的拌制与运输

混凝土的拌制作业主要包括配料和拌和两个过程。配料就是把砂、石、水泥、水等原料按配合比称出它们的重量，然后装入拌和机进行拌和。要求做到配料准确、拌和充分，使其成为均匀的混凝土拌和物料。

3.1.1.1 混凝土的配料

配料是混凝土制备工艺中的重要环节。配料的精度直接影响到混凝土的质量。

配料分为体积配料法与重量配料法两种。用体积配料法难以满足精度要求，所以水利工程施工中广泛使用重量配料法。

重量配料法就是水泥、砂、石和外加剂按重量计量，水可按重量折合成体积计量。要求配料的精度（按重量百分比计）水泥、混合材、水、外加剂溶液为±1%，骨料为±2%。

一般中、小型工程因拌制量不大，可采用较简单的称料设备：一种是利用地磅称料［图 3.1（a)］，另一种是在台秤上安装称料斗称料［图 3.1（b)］。贮料斗的进料可使用皮带机或其他提升设备。这种称料设备构造较复杂，但称量时间较短。

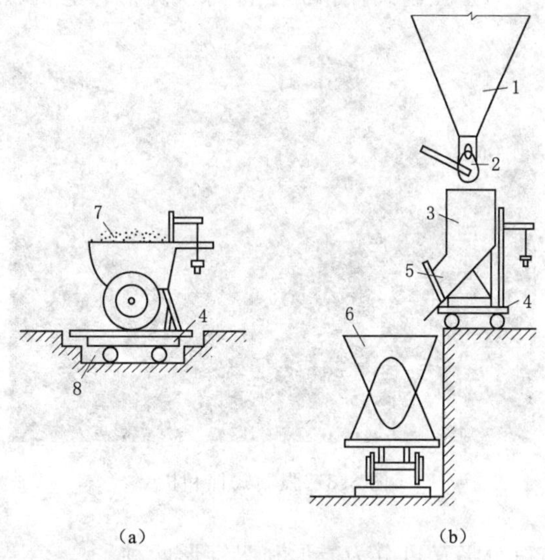

图 3.1 称料设备示意图

（a）地磅称料；（b）称料斗称料

1—贮料斗；2—弧形门；3—称料斗；4—台秤；5—卸料门；6—斗车；7—手推车；8—地槽

3.1.1.2 混凝土拌和

混凝土拌和的方法分为人工拌和和机械拌和两种。

1. 人工拌和

小规模的混凝土工程，或施工初期缺乏拌和机时，才采用人工拌和混凝土。人工拌和混凝土一般在灰盘或钢板上进行。拌和时先倒入砂和水泥，干拌3次混合均匀，并从中间扒向四周，形成一个圆圈，用以挡水。然后将石子倒入圆圈中，并倒入2/3的定量水，用铁锹将混凝土向灰盘的一侧翻至另一侧（至少3次），其余1/3的定量水随拌随洒，直至拌和均匀为止。拌和时禁止任意加水。人工拌和混凝土的劳动强度大，而且质量不容易保证。

2. 机械拌和

用拌和机拌和混凝土能提高拌和质量和生产率，节省人力和费用。

按照拌和机工作原理，可分为自落式与强制式，如图3.2所示。按照拌和机出料情况，可分为循环式与连续式，目前水利工地所使用的拌和机多为自落循环式拌和机。

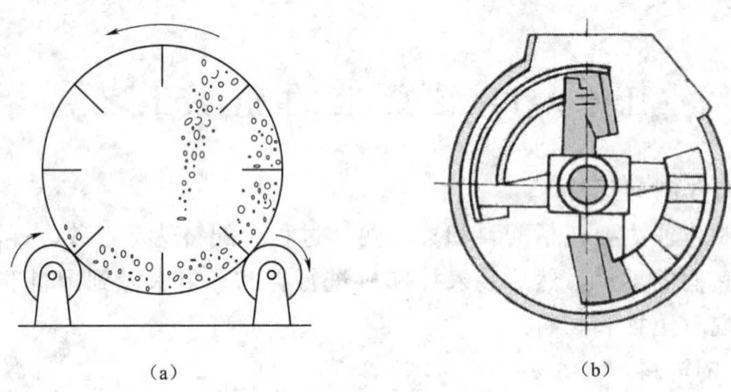

(a)　(b)

图3.2　拌和机原理示意图

(a) 自落式搅拌机；(b) 强制式拌和机

(1) 强制式拌和机由料筒、机架、电机、减速机、转动臂、搅拌铲、清料刮板等构成，通过搅拌筒仓内部两个横卧的搅拌轴转动，带动搅拌轴上的搅拌臂与搅拌叶片，对进入搅拌仓内的各种物料进行强制搅拌。多用来搅拌干硬性混凝土及轻骨料混凝土，如图3.3所示。

图3.3　强制式拌和机

(2) 自落式搅拌机，是通过搅拌筒仓的自转，使物料不断自由下落，从而混合搅拌。搅拌筒会以适当的速度旋转。自落式搅拌机在20世纪初就已出现，多用以搅拌一般塑性混凝土，使用范围最广，适应工地上分散或集中使用。目前水利工地所使用的拌和机多为自落循环式拌和机。按其外形又可分为鼓形和双锥形两种。

1) 鼓形拌和机如图3.4所示。拌和筒的一侧开口是装料用的，另一侧开口是卸料用的。拌和筒只能旋转拌和，但不能倾翻卸料。卸料是利用插入筒内的卸料槽，用人工操纵进行。中、小容量的拌和机多为这种形式，如装上轮子便成为移动式拌和机。

2）双锥形拌和机如图 3.5 所示。由拌和筒的一端开口，进行装料和卸料（也有少数是一端装料，另一端出料的）。拌和时，拌和筒呈水平位置，或开口端微微向上翘起。卸料时，拌和筒出口端向下翻转 50°～60°，使拌和料迅速卸下。拌和筒子的旋转是由电动机驱动的，翻转和复位是用气动或机械传动来推动的。中、大容量固定式拌和机多采用双锥形。

图 3.4　鼓形拌和机

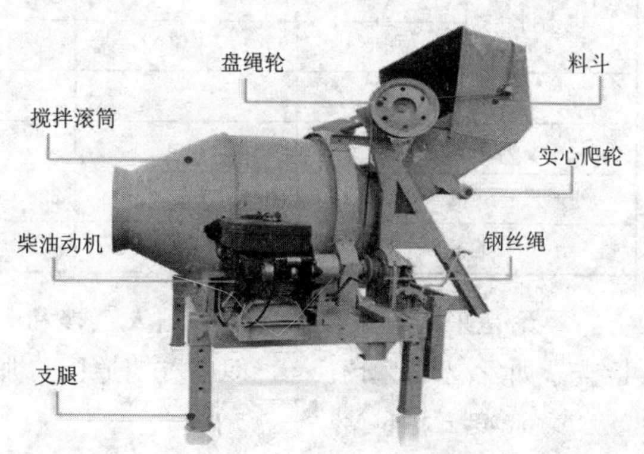

图 3.5　双锥形拌和机

（3）两种形式拌和机相比较：双锥形拌和机，材料是在拌和筒的中、后部进行拌和，拌和作用比鼓形的要强些，需要拌和的时间短，拌和质量也好些，同时卸料迅速干净；但鼓形拌和机的构造简单，使用维修比较方便。

混凝土拌和机的生产率计算：

$$\pi=\frac{V_0 \cdot n \cdot f}{1000} \cdot K$$

式中　π——混凝土拌和机生产率，m^3/h；

V_0——混凝土拌和机装料容量（装料体积之和），L；

f——出料系数，可采用 0.65～0.7；

K——拌和机的时间利用系数，根据施工条件而定；

n——每小时的拌和次数。

拌和机的每个工作循环的时间为装料时间、拌和时间与卸料时间之和。用固定式料斗装料时间为 10～15s，用提升料斗装料时间为 15～20s。鼓形拌和机的卸料时间为 20～60s，双锥形拌和机卸料时间为 10～20s。容量 400～800L 的拌和机最短拌和时间为 60～90s。冬季施工时应适当延长拌和时间。鼓形拌和机的主要技术性能见表 3.1。

表 3.1　　鼓形拌和机的主要技术性能

项　目	单位	拌和机型号		
		J_1-250	J_1-400	J_1-800
额定装干料容量	L	250	400	800
拌和筒尺寸（直径×宽）	mm×mm	1218×960	1447×1178	1720×1370

续表

项目		单位	拌和机型号		
			J_1-250	J_1-400	J_1-800
转数		s^{-1}	0.30	0.30	2.3
		r/min	18	18	14
电动机	型号		$J_{02}-42-4$	$J_{02}-51-4$	$J_{02}-62-4$
	功率	kW	5.5	7.5	17
水箱容积		L	40	65	200
轮距		mm	1840	1870	—
外形尺寸（长×宽×高）		mm×mm×mm	2280×2220×2400	3700×2800×3000	3000×2400×2560
自重		kg	1500	3500	4800

不论是采用机械拌和还是采用人工拌和，在施工过程中，都应随时对拌和物做坍落度检查。如发现与规定不符，即应查明原因，加以纠正。

3. 混凝土拌和站

在混凝土施工工地，通常把骨料堆放、水泥仓库、配料装置、生熟料输送设备、拌和设备及其他附属设施等，比较集中地进行布置，组成混凝土拌和站，或采用成套的混凝土工厂制备混凝土。这样既有利于生产管理，又能充分地利用设备的生产能力。

拌和站的位置和总体布置，主要根据施工方法、生产量、砂石来源、设备情况以及地形等条件，因地制宜地综合考虑。拌和站的布置按拌和机的排列形式分为单列、并列及星形三种（图3.6）。

混凝土搅拌站，如图3.7所示，可根据施工现场的实际情况作比较灵活的布置。但在安装前，场地应平整完好，并进行压实，同时按放出的大样位置（大样应保留至设备安装完成后）预先做好各组件的支承基础，对混合料存仓和粉料供给系统的混凝土墩台要留好地脚螺栓的二次灌浆孔。

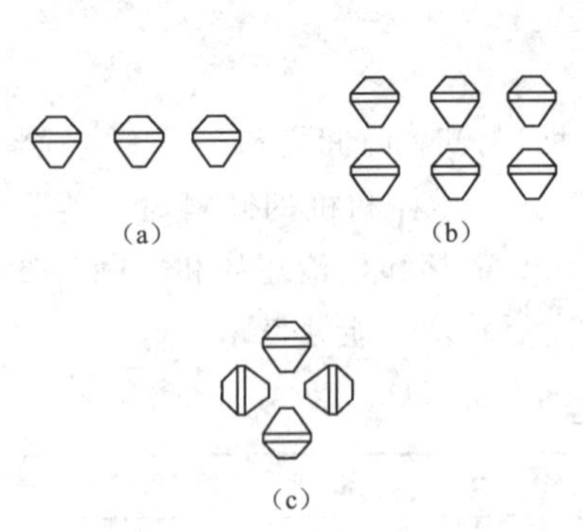

图3.6 拌和机排列形式

(a) 单列排列；(b) 并列排列；(c) 星形排列

图3.7 混凝土搅拌站

需要注意的几个问题：

(1) 选择开阔处。设备的安装地基要选在开阔处，以便缩短装载机的上料周期。同时，也可保证成品料运输车辆调头便利、畅通有力而互不干涉。

(2) 制作地基必须保证质量。预制地基时，要保证其平整度和各尺寸要求，以使设备安装牢固、搭接合理。因为地基质量的好坏会影响到设备的正常工作和使用质量。

(3) 合理选择配料机组位置。根据场地大小、原始物料的堆放情况及装载机的配置情况，来决定配料机组的上料侧。

(4) 设置上料坡墩。为方便装载机的上料，在配料机组的上料侧宜设置上料坡墩，其与配料机组间应保留一条能自由出入的巡视通道，以便于设备与运行中的巡视、维修和保养。同时，在上料坡墩与配料机组间应搭设防护栅栏，以避免装载机上料时撒落的物料堆积后，对混凝土搅拌站集料皮带机的正常运行带来不利影响。

混凝土拌制过程：各级骨料可用手推车或架子车运输，经过地磅称量后，通过斜坡道运上装料台，当运料车靠近时，按大、中、小石和砂的左右顺序将骨料倒入斗车内，斗车推进拌和机时，将配合好的骨料倒入拌和机内，另外倒入水泥和水。拌和好的混凝土卸入贮料斗内，由料斗闸门控制等待装运。为了调车方便，生熟料运输都应布置成双线。

在布置拌和站时，要确定各部分的安装高程，一般可根据混凝土的出料道路的高程、混凝土运输工具的形式及出料方式等先确定拌和机的出料口高程。再根据机型及装料方式定出贮料斗及称量设备的安装高程。

3.1.1.3 混凝土运输

1. 混凝土的运输要求与保证质量措施

混凝土运输是整个混凝土施工中的一个重要环节，工作繁重，时间性强，对外界的影响敏感，对施工质量影响很大。为了保证质量和使浇筑工作顺利进行，混凝土在运输过程中应采取适当措施以满足下列基本要求：

防止混凝土拌和发生离析：否则将失去均匀性，难以振捣密实。因此在运输过程中，要尽量减少振荡和转运次数，不能使混凝土由2m以上的高处自由跌落。

防止水泥砂浆损失：运输混凝土的工具必须不漏浆、不吸水，容器不宜装得过满，在坡度较陡的斜坡道上运输时要防止浆液外溢。

防止产生初凝：初凝后的混凝土可塑性降低，影响上下层的结合，并且无法振捣密实。因此要尽量缩短运输时间。对混凝土运输时间可以根据拌和地点和浇筑部位的距离以及运输和浇筑速度来决定。建议包括运输、入仓、浇筑的总时间不要超过表3.2中规定的数值。

表3.2　　混凝土允许运输时间

拌和机出料口温度 /℃	混凝土允许运输时间 /min	拌和机出料口温度 /℃	混凝土允许运输时间 /min
20～30	30	5～10	60
10～20	45		

防止外界气温对混凝土的不良影响：应使混凝土在入仓时仍保持原来的坍落度和一定的温度。夏季要遮盖，防止日晒雨淋，影响水灰比。冬季要采取保温措施。

防止不同标号混凝土混杂和错用。

对于在运输中发生离析的混凝土，入仓前应在钢板上进行二次拌和。

2. 混凝土的转运与卸料

为了防止混凝土在转运或卸料过程中产生离析（当混凝土下落高度大于2m时），应采取一些缓降措施，常用的有溜槽与振动溜槽、串筒与振动串筒，如图3.8所示。

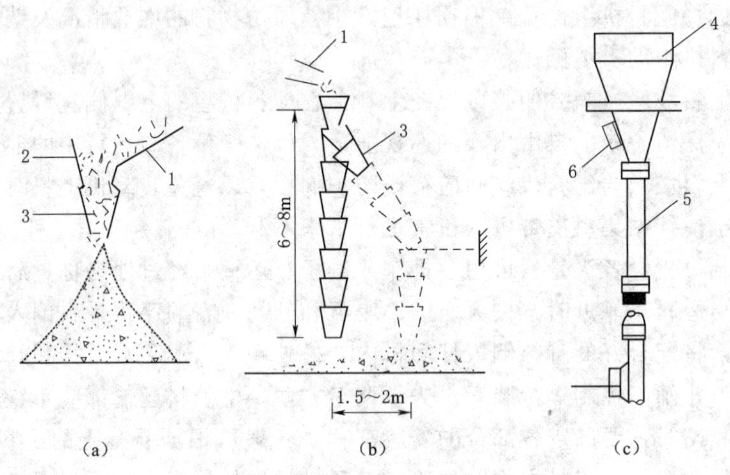

图3.8　溜槽与串筒

(a) 溜槽；(b) 串筒；(c) 振动串筒

1—溜槽；2—挡板；3—串筒；4—漏斗；5—节管；6—振动器

(1) 溜槽与振动溜槽：溜槽及振动溜槽用来在高度不大的情况下倾斜流送混凝土。溜槽为一木制或金属槽子，可以从皮带机、自卸汽车、机动翻斗车、架子车等受料，将混凝土转送入仓。其坡度可由试验确定，常采用45°。振动溜槽为一半圆形断面的金属槽，其上装有振动器。它的单节长4～6m，拼装总长可达30m。振动溜槽多从自卸汽车或振动溜管受料，其输送坡度由于振动器的作用可放缓到15°～20°。采用溜槽导送混凝土入仓时，在溜槽末端应加设挡板和垂直漏斗，以免混凝土在下滑过程中产生离析。

(2) 串筒与振动串筒：串筒由0.8～1.0m长的木管节或铁皮管节成串铰挂而成。工作时将其悬吊在脚手架上，用小车或皮带机等供料。由于管节系铰挂在一起，故下端可以牵动，卸料面积可以控制在半径为1～1.5m的范围以内。牵动时应注意保持其出口段大约2m的长度与浇筑面垂直，以防卸出的混凝土离析。串筒出口距浇筑面的距离不大于1.5m，串筒管节的断面均系上大下小，因而在混凝土通过时，可以起到缓降消能作用。随着混凝土浇筑面的上升，可逐节拆卸下端的管节。串筒多用于混凝土卸落高度不超过10m的情况。串筒构造简单，一般水利工地均可自行制作。

振动串筒与普通串筒相似，只是串筒每隔一定距离装上一个振动器，可以防止混凝土中途堵塞，卸料高度可达10～20m。

3. 混凝土运输方法与运输机械

混凝土运输设备的选择应根据建筑物的结构特点、运输的距离、运输量、地形及道路条件、现有设备情况等因素综合考虑确定。

常用的混凝土运输设备有手推车、机动翻斗车、混凝土搅拌运输车、自卸汽车、皮带机、塔式起重机和混凝土泵等。

(1) 手推车，如图 3.9 所示。

手推操作灵活、装卸方便，适用于小范围混凝土运输。用手推车时，要求运输路面或车道板面平整，并随时清扫干净，防止混凝土在运输途中受到强烈振动。路面或跳板的纵坡，一般要求水平，局部不宜大于 15%，否则应有相应的辅助爬坡措施。一次爬高不宜超过 2～3m，运输距离不宜超过 200m。用斗车运输混凝土时，车道转弯半径以不小于 10m 为宜。轨道尽量为水平，局部纵坡不宜超过 4%，轻重车道尽可能地分开。若为单车道要铺设避车岔道。

(2) 机动翻斗车，如图 3.10 所示。

它是机动的轻型运输工具车前装有容量为 476L 和翻斗，载重约 100kg，最高时速 20km/h，具有轻便灵活、转弯半径小、速度快、能自卸等特点，适用于短途运输混凝土和砂石料，已为施工现场广泛使用。

图 3.9 手推车

图 3.10 机动翻斗车

(3) 混凝土搅拌运输车，如图 3.11 所示。

混凝土搅拌运输车是在载重汽车或专用汽车的底盘上装置一个梨形反转出料的搅拌机，它兼有运载混凝土和搅拌混凝土的双重功能。

它可在运送混凝土的同时，对其缓慢地搅拌，以防止混凝土产生离析或初凝，从而保证混凝土的质量，也可以在开车前装入一定配合比的干混合料，在到达浇筑地点前 15～20min 加水搅拌，到达后即可使用。搅拌筒的容量为 2～10m^3。它适用于混凝土远距运输使用，是预拌（商品）混凝土必备的运输机械。

(4) 自卸汽车，如图 3.12 所示。

自卸汽车运输机动灵活、卸料迅速，能适应高差变化较大的地形。在一般情况下均可满足施工质量要求。自卸汽车是以载重汽车作驱动力，在其底盘上装置一套液压举升机构，使车厢举升和降落，以自卸物料。它适用于远距离和混凝土需用量大的水平运输，因而在混凝土施工中应用较多。混凝土坍落度为 4～5cm、运距在 1.5km 以内一般不会出现离析现象；但当混凝土坍落度增加到6～8cm，就会出现轻微的离析。如果运距超过1.5km，且道路不良，振动过大，不仅产生离析，而且车厢中的混凝土因振动而压实，造成卸料困难。

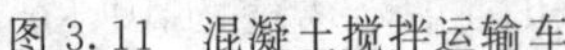
图3.11 混凝土搅拌运输车

图3.12 自卸汽车

自卸汽车运输混凝土的一种方式是直接装载混凝土入仓；另一种方式是将混凝土倒入卧罐再用起重机吊运入仓。前者适用于浇筑建筑物的基础或下部，后者适用于浇筑较高部位的混凝土。

当采用自卸汽车直接入仓的运输方式时，为了使汽车进入浇筑部位，必须设置栈桥。桁架的支柱为粗钢筋焊成的柱状结构，上部结构由型钢组成，桥面铺木板，并设置卸料漏斗。上部结构为拆卸式，可以多次重复使用，下部结构埋入混凝土中不能回收。钢材消耗量每m^3混凝土平均为1～2kg。支柱也可以采取预制混凝土柱，但比较笨重，安装不够方便。如地形条件可能，最好将栈桥架通，这样汽车通行方便、运输效率高。

当地形条件有利且浇筑宽度不大时，可以不设栈桥，而用自卸汽车将混凝土通过溜槽或溜管送入仓内。

(5) 皮带机。

用皮带机连续地运送混凝土，可以达到很高的运输强度。它在混凝土施工中得到采用。用皮带机运送混凝土的缺点是：混凝土容易离析，水泥砂浆容易损失以及因与大气接触面大，混凝土质量容易受到气候的影响。

为了克服以上缺点、保证混凝土质量，常采用以下措施：一是皮带运行速度限制在1～1.2m/s，上坡角度为14°～16°，下坡角度为6°～8°；皮带要张紧以减小跳动，在运转或卸料处应设置挡板和溜槽，防止混凝土发生离析，所运骨料粒径不宜大于80mm。二是设置刮浆装置，减少灰浆损失，采取弥补砂浆损失措施，在拌制混凝土时适当增加水泥浆量（每m^3混凝土增加水泥用量10～15kg）。三是应有保温、防晒和防雨的措施，一般应将皮带机安装在封闭的廊道内。

(6) 升高塔。

升高塔主要是负担混凝土的垂直运输，常用的有斜钢塔和直钢塔。

斜钢塔固定在混凝土坝体的预埋螺栓上，可以随坝面的升高而升高，混凝土斗的下面装有轮子，可沿着铺设在坝面的轨道由钢丝绳牵引向上移动，上升到坝面的装料倒入料斗中。

直钢塔为直立于地面的钢架结构，钢塔中有可沿垂直轨道升降的提篮，混凝土连同它的小车被提升到坝面，小车可从提篮内推出，到仓面脚手架上进行浇筑，这样省去了两次转运，效果很好。

(7) 混凝土泵运输，如图 3.13、图 3.14 所示。

混凝土泵运输又称泵送混凝土，是利用混凝土泵的压力将混凝土通过管道输送到浇筑地点，一次完成水平运输和垂直运输。混凝土泵运输具有输送能力大（最大水平输送距离可达 800m，最大垂直输送高度可达 300m）、效率高、连续作业和节省人力等优点，是施工现场运输混凝土的较先进的方法。

图 3.13 混凝土泵

图 3.14 混凝土泵车

(8) 其他运输机械。

当混凝土运输量较大时，还常用塔式起重机或门式起重机配合铁路平台车运输混凝土。如地形有利也可以采用缆式起重机。

3.1.2 混凝土的浇筑与养护

混凝土的浇筑是混凝土施工最后成型和保证施工质量的重要环节。混凝土浇筑过程包括铺料、平仓和捣实三个工序。此外，在浇筑开始之前，必须做好一切准备工作，浇筑之后还必须做好养护工作。

3.1.2.1 浇筑前的准备工作

1. 基础处理

对于土基，应将开挖基础时保留的保护层挖除，清除杂物，用碎石垫底，上盖湿沙，并加以夯实，然后才能浇筑混凝土。

对于石基，要清除到新鲜岩石，去掉松动的岩石和凸出的棱角，清除油污、泥土、杂物，用混凝土充填岩石的缝隙，岩石表面用压力水冲洗干净，然后擦干岩面，等待浇筑。

2. 施工缝处理

所谓施工缝是指新老混凝土之间的水平结合缝或浇筑块之间的竖向结合缝。为了保证建筑物的整体性，必须重视施工缝的处理。对先期浇筑的混凝土表面的杂物和水泥膜（又称乳皮），必须清除干净，使其表面成为一个新鲜清洁、有一定石子外露、起伏不平的麻面，以便与新浇筑混凝土有足够的黏结力。

3. 刷毛与冲毛

在混凝土凝结后但尚未完全硬化以前，用钢丝刷或高压水对混凝土表面进行冲刷，形成毛面，称为刷毛和冲毛。需要注意的是，开始冲毛的时间随气温而异，春秋季节，在浇筑完毕后 10～16h 开始；夏季掌握在 6～10h；冬季则在 18～24h 后进行，过早会使混凝土表层松散和冲去表层混凝土；过迟则混凝土已经硬化，不仅增加工作困难，而且不能保证质量。如在新浇筑混凝土表面洒刷缓凝剂，则能延长冲毛的时间。全部刷完后，再用高压水枪冲洗干净，并盖上麻袋或草袋进行养护。

4. 凿毛

若混凝土已经硬化，应用人工或风镐等机械凿毛。凿深 1～2cm，然后用压力水冲净。凿毛在浇筑后 32～40h 为宜。凿毛多用于垂直缝，因为垂直缝要在混凝土硬化后才能拆模，不能使用冲毛的方法。

5. 风砂枪冲毛

将经过筛选的粗砂和水装入密封的砂箱，并通入压缩空气，压缩空气与水、砂混合，经喷枪喷出，把混凝土表面冲毛。冲毛一般在浇筑后 24～48h 内进行。如能在表层混凝土中加入缓凝剂，则可减小冲毛的难度。

6. 模板、钢筋及预埋件检查

混凝土一旦硬化成型，想再改变形状、增埋铁件将是十分困难的。因此，事先必须做好检查工作。

模板主要检查：架设位置与模板的尺寸是否准确，支撑是否牢固，模板是否密封，脱模剂是否涂刷等。

钢筋主要检查：钢筋的数量、规格与间距是否符合设计要求，绑扎是否牢固，表面是否清洁，保护层是否正确等。

预留管道、止水片、止浆片、预埋铁件、冷却水管和预埋观测仪器的数量、位置和牢固程度等，不合要求的应及时调整和采取措施。

7. 浇筑仓面的布置

主要检查仓面布置，脚手架是否牢固，机具设备是否完善齐全，风、水、电的供应是否可靠，照明布置是否恰当以及劳动力的组合等。

3.1.2.2 混凝土浇筑

1. 铺料

开始浇筑前要在岩面或老混凝土面摊铺一层 2～3cm 厚的水泥砂浆以利结合。砂浆铺设的面积应与混凝土浇筑的速度相适应。

浇筑一般采用平层浇筑法，如图 3.15（a）所示。混凝土按水平层连续地逐层铺填，第一层全部浇完后，再浇第二层，依次类推，直到达到规定的设计高度为止。

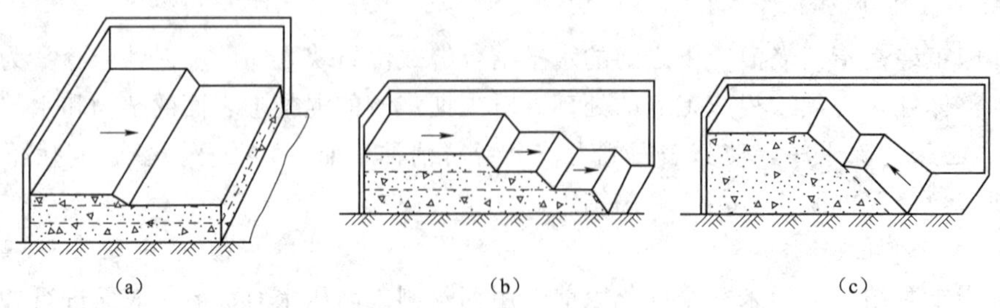

图 3.15 混凝土浇筑法示意图

（a）平层浇筑；（b）阶梯浇筑；（c）斜层浇筑

如果仓面很大，混凝土的拌和能力小，若采用平层浇筑法，各层之间可能形成冷缝（即浇上层时，下层的混凝土已经初凝）。为了避免产生冷缝，仓面的面积 $A(\mathrm{m}^2)$ 应符合正式要求：

$$A\leqslant\frac{Q\cdot K}{h}(t_2-t_1)$$

式中 K——时间延误系数，可取 0.8～0.85；

Q——混凝土浇筑的实际生产能力，$\mathrm{m^3/h}$；

t_2——混凝土的初凝时间，h；

t_1——混凝土运输、浇筑所占的时间，h；

h——混凝土振捣层的厚度，决定于振捣器的工作深度，m。

如采用阶梯浇筑法，如图 3.15（b）所示，可以不受上述条件限制。也可以采用斜层浇筑法，如图 3.15（c）所示，即按倾斜层次进行，一次连续浇筑完成。采用斜层浇筑法时，浇筑块的高度一般限制在 1.5m 左右。

如上、下层的浇筑时间超过允许的间歇时间，为了防止产生冷缝，这时应停止浇筑，间隔一定时间，按施工缝处理后再继续浇筑。每层混凝土的铺料厚度，应根据拌和能力、运输距离、浇筑速度、气温和振捣器的工作能力来确定。如电动、风动插入式振捣器，混凝土浇筑层的允许最大厚度为振捣器工作长度的 0.8 倍；用软轴式振捣器头长度的 1.25 倍。如用表面振捣器，在无筋或单层钢筋结构中为 250mm，在双层钢筑结构中为 120mm。

2. 平仓

平仓就是把卸入仓内成堆的混凝土很快地摊平到要求的厚度。平仓不好，会造成骨料架空现象，严重影响混凝土质量。只有在缺乏振捣器的情况下，才采用人工平仓。人工平仓使用铁锹，平仓距离不超过 3m。使用振捣器平仓速度快，振捣器应首先斜插入混凝土料堆下部，一次一次地插向上部，在振捣器作用下使流态混凝土自行摊平。但必须注意不能以平仓代替振捣。同时振捣器也不要垂直插入料堆锥体的顶部，因为这样会造成砂浆与粗骨料分离，影响混凝土质量。

3. 振捣

振捣的目的就是要排除混凝土中的空气，减少混凝土内部的空隙，使混凝土密实，并使水泥砂浆均匀地裹住石子，同时还使混凝土与模板、钢筋、预埋件等紧密结合，从而保证混凝土的最大密实性。振捣是混凝土施工中最关键的工序。

混凝土的振捣方法分为人工和机械两种。

（1）人工振捣。

人工振捣，要求混凝土的坍落度较大，铺料层厚度不大于 20cm。人工振捣工具有捣固锤、捣固杆和捣固铲。捣固锤主要用来捣固混凝土的表面。捣固铲用于插边，使砂浆与模板靠近，防止表面出现麻面。捣固杆用于钢筋稠密的混凝土中，以使钢筋被水泥砂包紧，增加混凝土与钢筋的黏结力。人工振捣常用于小型工程的捣固。

（2）机械振捣。

机械振捣的工具是振捣器。在振捣器产生的小振幅、高频率的振动作用下，混凝土拌和物的内摩擦和黏结力大大降低，使干稠的混凝土获得了流动性，在重力作用下，骨料互相滑动而紧密排列，空隙由砂浆所填满，空气被排出，从而使混凝土密实，并填满模板内部的空间，且与钢筋紧密结合。与人工振捣相比较，机械振捣在保证质量、节约水泥、降低工人劳动强度、提高劳动生产率等方面都有很大的优点。

振捣器的类型和应用：振捣器按传振的方式可分为内部式和外部式。

振动台属于固定设备，多用于工厂或实验室，如图3.16所示。

HZ_9-2.4×6.2型

图3.16 混凝土振动台

外部振捣器只适用于柱、墙等结构尺寸小而钢筋又密的构件。表面式振捣器，如图3.17所示，只适用于薄层混凝土的振实，如道路、渠道衬砌、薄板等。

插入式振捣器，如图3.18所示，在水利工程中使用最多。插入式振捣器的振动棒直接插入混凝土中，将振动传给混凝土。它的主要有电动硬轴插入式振捣器、电动软轴插入式振捣器和风动振捣器三种形式。

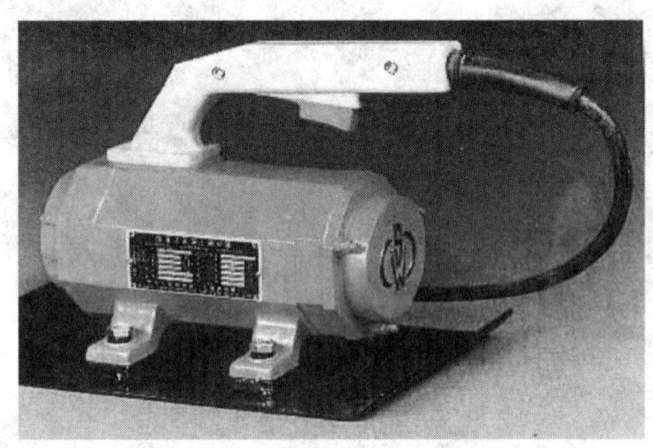

图3.17 表面式振捣器

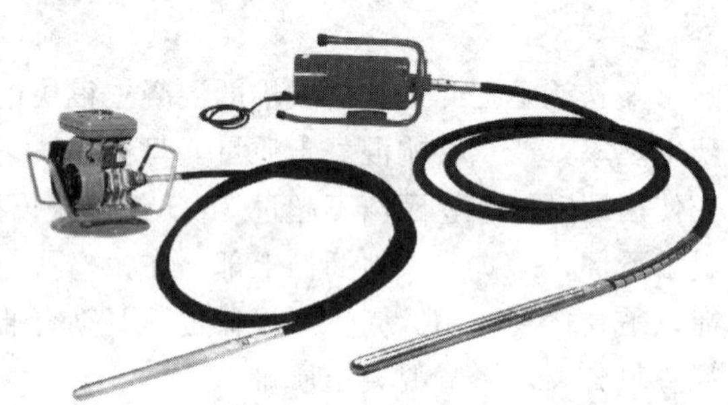

图3.18 插入式振捣器

软轴插入式振捣器，如图3.19所示。软轴插入式振捣器按振动原理的不同可分为偏心轴式和行星式两种。

偏心轴式振捣器，如图3.20（a）所示，是利用振动棒中心安装的偏心重量转轴在作高速旋转时所产生的离心力，通过轴承传递给振动棒的壳体，从而使振动棒产生圆振动。显然，振动棒的频率与中心转轴相等。这种振捣器的缺点是当振动棒的频率增高时所产生的离心力将迅速增大，给增速机构、轴承和软轴的制造等带来困难，而且缩短其使用寿命。偏心轴式软轴插入式振捣器，由于其频率较低（每分钟振动次数在6000次以下），所以逐渐为行星式振捣器所代替。

行星式振捣器是一种高频（每分钟在10000次以上）的振捣器，如图3.20（b）所示。

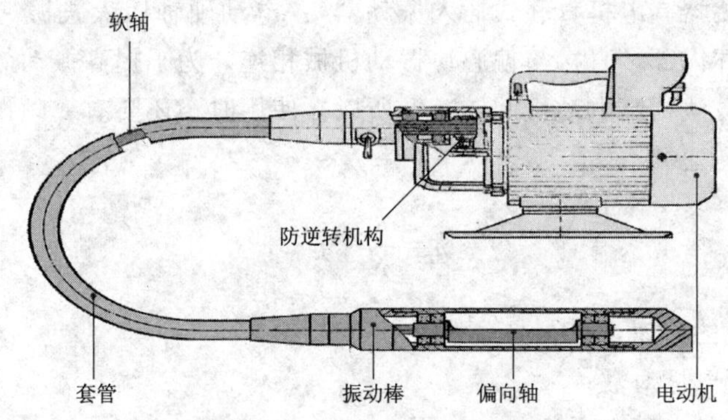

图 3.19　软轴插入式振捣器原理图

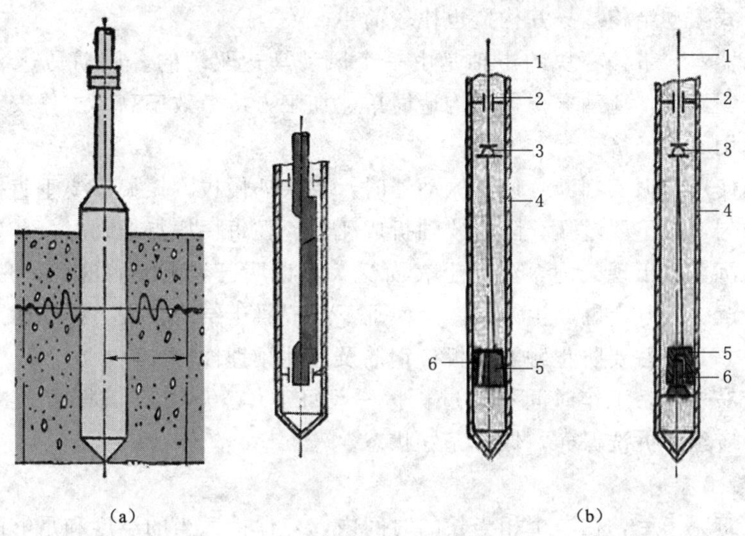

图 3.20　行星式振动机构

(a) 偏心轴式振捣器；(b) 行星式振捣器

1—壳体；2—传动轴；3—滚锥；4—滚道；5—滚锥轴；6—弹簧活节

它的壳体 1 内，装入由传动轴带动旋转的滚锥 3，滚锥沿固定的滚道 4 滚动而产生振动。这是由于滚锥轴线相对于振捣器壳体的轴线有一偏心距，所以产生振动力。根据滚锥和滚道的相互位置，行星振动机构又分为外滚道式和内滚道式。当电动机通过传动轴 2 带动滚锥轴 5 转动时，滚锥 3 除了自转外，还绕着轨道做公转。当滚道与滚锥的直径接近，这公转的次数就提高，这就使振动棒的频率大为提高。

由于公转是靠摩擦产生的，而滚锥与滚道之间会发生打滑，所以实际频率低于理论值。在实际生产中，开动振捣器后，可能由于滚锥未接触滚道，所以不能产生公转。这时只需轻轻将振动棒向坚硬的物体上敲动一下，使两者接触，便能产生高速的公转。

行星振动的最大特点是利用振动体本身行星增速来提高振动频率，振动棒的转速和驱动电动机的转速一样，不需要设置增速机构。行星式振动克服了偏心轴式的主要缺点，因而在电动软轴插入式振捣器中得到最普遍的应用。

硬轴插入式振捣器（电机直联式插入振动器）：电动硬轴插入式振捣器图的构造特点是电动机装在振动棒内部，直接与偏心块振动机械相连。为了提高振动效率，就采用改变电动机电流频率的方法提高电动机的转速，所以在使用时，还要有变频设备。从电工原理知道，交流电动机转速

$$n=\frac{60}{p}\cdot f$$

式中 n——电动机的转速，r/min；

p——电动机电极对数；

f——电动机供电频率，Hz。

这种利用电气原理提高频率的振动棒，可以免去机械的增速机构，而且有利于采用易于制造的偏心式振动结构，故其构造也比较简单。

风动振捣器：它带偏心块的主轴是由一个风动马达驱动的，风动马达装在主轴的顶端，由气阀控制进气。风动振捣器的构造简单、加工方便、效率高、工作安全。其缺点是耗风量大，使用不甚经济。

振动器的使用与振实判断：使用振动器时，要快插慢拔，振捣器要垂直插入，边振边插，使振动均匀，但不要过猛，防止软轴折成死弯。在每一振点振动时，若发现混凝土表面不再显著下沉，不出现气泡，混凝土表面泛浆，说明已经振实，时间一般需 20～30s，过振则骨料下沉、砂浆上翻产生离析。为使上下层混凝土结合良好，振动时应使振动棒插入下层混凝土 5cm，并要防止触及模板、钢筋及其他预埋件等。

振捣器极易发热，工作时间不宜过长，一般每工作 30～60min 需停歇冷却。用后应冲洗干净，并应经常拆洗保养，保持完好状态。

3.1.2.3 混凝土养护

混凝土浇筑完毕后，在一个相当长的时间内，应保持适当的温度和足够的湿度，以造成混凝土的良好硬化条件，这就是混凝土的养护工作。虽然拌制出的混凝土中的含水量大大超过水化作用所需的含水量，但是混凝土的表面在气温较高、湿度较小和有风的时候，水分蒸发很快，如不设法防止水分蒸发和补充水分损失，水化作用将不能充分进行，混凝土的强度会受到影响，还可能出现干缩裂缝。

在常温条件下，水平面混凝土的养护，可用水覆盖，也可用湿麻袋、草袋、锯末、湿砂等覆盖，维持表面潮湿。垂直方向的养护，可以进行人工洒水，或用带孔的水管进行定时洒水。

养护时间的长短取决于当地气温和水泥品种，当平均气温在 10℃左右时，用硅酸盐水泥拌制的混凝土养护时间不得少于 14d；用火山灰质水泥、矿渣水泥拌制的混凝土养护时间不得少于 21d，大体积混凝土的养护时间更应长一些。冬季为了防止新浇混凝土发生冷冻，应采取保温措施，减少洒水次数，0℃以下停止洒水。木模板具有保温性能，应适当推迟拆模的时间。

混凝土在养护期内，不允许践踏或在上面堆放重物和进行工作，如需要在上面进行工作，须待混凝土强度达到 980kPa 以后。

3.1.2.4 混凝土的缺陷与修补

混凝土施工中，往往由于对质量重视不够和违反操作规程以及漏振或配料错误或操作长时间中断等原因，拆模以后出现一些缺陷，如麻面、蜂窝、露筋、空洞、裂缝等。这些缺陷如不加以修补，将影响结构的美观和安全。所以一经发现，须认真加以处理。现将几种常见的混凝土缺陷产生原因及补救方法分述如下。

1. 麻面

产生麻面的主要原因是模板干燥，吸收了混凝土中的水分，或者振捣时没有配合人工插边，使水泥未流到模板处。有时，还因使用已经用过的旧模板，模板表面黏结的灰浆没有清除而造成麻面。麻面的修补比较简单。修补前先用钢丝刷和水将麻面洗干净，并加工成粗糙面，然后在洁净和湿润的条件下，用与混凝土同标号的水泥砂浆将麻面抹平，并适当进行养护。

2. 蜂窝

在混凝土中只有石子聚集而无砂浆的局部地方称为蜂窝。断面小、钢筋密、振捣器操作比较困难的部位，往往因为漏振或振动不够以及混凝土坍落度过小，或模板接缝漏浆等，都容易出现蜂窝。其补救方法是凿去蜂窝中薄弱的混凝土和个别突出的骨料，再用钢筋刷和压力水清洗干净，刷去黏附在钢筋表面的水泥浆，然后再用标号较高的细骨料混凝土填塞，并仔细捣实，认真养护。

3. 空洞

空洞尺寸常比较大，内中没有混凝土。其产生的原因是混凝土坍落度过小，被稠密的钢筋卡住，或者是浇筑时漏振，接着又继续浇筑其上面的混凝土。填补前的准备工作与蜂窝同，但在补填新混凝土时，可根据空洞不同部位或形状，加设模板，将混凝土压入空穴，并用钢棍捣实。

3.1.3 混凝土的冬雨季施工

3.1.3.1 混凝土冬季施工

混凝土凝固过程与周围的温度和湿度有密切关系，温度越低，水化和凝固的速度就越慢，当温度接近0℃时，水化作用几乎停止；当温度在0℃以下时，混凝土中的水分结冰，水化作用完全停止。当温度升高、冰冻融化后，水化作用仍将恢复。但混凝土受冻越早，其强度发展越慢，后期强度损失也越大。如果混凝土在浇筑后3～6h遭受冻结，则强度至少降低50%；而且难以挽回。如果在2～3d内遭受冻结，强度降低约15%～20%。当混凝土强度达到设计强度50%以上（在常温下养护3～5d）再受冻时，就对它的强度没有太大的影响，只是强度增长比较慢，等开冻以后仍能继续上升，达到与不受冻时一样的强度。当日平均气温在5℃以下或最低温度在－3℃以下时，混凝土施工必须采取冬季施工措施，要求混凝土在强度达到设计强度50%以前不遭受冻结。

冬季施工的措施就是用人工保温、加热或加速凝固等方法，使浇筑的混凝土在尚未达到一定强度以前不受冻结，具体措施如下。

1. 调整配合比和掺外加剂

采用发热量较高的快凝水泥（大体积混凝土除外），采用较低的水灰比，提高混凝土标号，在混凝土中掺氯化钙或氯化钠等促凝剂，可以降低水分的冻结温度，提高混凝土的早期强度。通常当气温在−5～5℃时，加相当于水泥重量2%的氯化钙，即可解决冬季混凝土的施工问题。

2. 原材料加热法

原材料加热法就是对拌制混凝土的骨料和水进行预热，然后再加入拌和机内进行拌和。一般情况下，以对水加热最为简单，也容易控制，而且水的比热约为骨料的5倍，加热效率也较高。在日平均气温为−5～−2℃时，可以只加热水拌和，当气温再低时，才考虑加热骨料。水泥绝对不可加热。

水的加热方法：小型工程可用大锅或烧水锅炉直接加热，大型工程宜用蒸汽加热。水的加热温度不能超过80℃，并且要先将水和骨料拌和后再加入水泥，以免水泥产生“假凝”（水温超过80℃时，水泥颗粒表面形成一层薄的硬壳，使混凝土和易性变差，而且后期强度低，这种现象称为“假凝”）。

砂石加热的最高温度不能超过100℃，平均温度不宜超过65℃，并力求加热均匀。最简单的加热方法是把骨料堆放在钢板上用火烘炒，但效率低，热量损失大，加热不均匀，一般多用于小型工程。对大中型工程，常用蒸汽直接加热骨料，就是直接将蒸汽通到需要加热的砂、石堆中，砂石堆表面要用帆布等盖好，防止热量损失。这种方法的优点是加热快，而且可以充分利用蒸汽中的热量；缺点是增加了砂石的含水量，而且含水不均匀，不易控制拌和时的加水量。

（1）蓄热法。

蓄热法是将浇筑好的混凝土在养护期间用保温材料加以覆盖，尽可能把混凝土在浇筑时所包含的热量和凝固过程中产生的水化热蓄积起来，以延缓混凝土的冷却速度，使混凝土在达到抗冻强度以前，始终保持正温。保温效果好且价格便宜的保温材料有草帘、锯末、稻草、炉渣、珍珠岩、麦秸等。

蓄热法是一种最简单、经济的冬季施工法，尤其是对大体积混凝土更为有效。实践证明，在日期最低平均温度不低于−10℃、浇筑块表面率（表面积与体积比）小于5时，采用蓄热法最为适宜。因此，其在水利工程中得到了广泛的采用。

（2）加热法养护。

当使用蓄热法不能满足要求时，可以采用加热养护法，其分为暖棚法、蒸汽加热法和电热法等。

暖棚法：就是利用保温材料搭成暖棚，把整个结构围护起来，并在暖棚内点燃炉火或装设暖气管，保证棚内有较高的温度。此法费工、费料，仅适用于天气比较寒冷、建筑物体积不大的场合。如在暖棚内点燃明火，应特别注意防止火灾。

蒸汽加热法：利用蒸汽加热不仅能使新浇筑的混凝土得到较高的温度，而且可以得到适当的湿度，促进水化作用，使混凝土构件硬化更快。这种方法也常用来养护混凝土预制构件。

电加热法：利用电能进行加热养护。电热法分为以下几种：

电极加热：用钢筋作为电极，利用电流通过混凝土所产生的热量来养护。

电热毯法：混凝土浇筑后，在混凝土表面或模板外面覆盖柔性电热毯，通电加热养护。

工频涡流法：在钢模板外边焊上钢管，钢管内穿导线，制作涡流模板，导线通电后，钢管壁产生涡电流发热，从而加热模板对混凝土进行加热养护的一种电加热方法。

线圈感应加热法：混凝土浇筑后，利用缠绕在构件钢模板外侧的绝缘导线做成线圈，通以交流电后，在钢模板和混凝土构件内部的钢筋中产生电磁感应发热，从而对混凝土加热养护。

电热器加热法：利用各种电热器置于混凝土外面或埋于内部，通电加热来养护混凝土。

电热红外线加热法：利用电热红外线产生的辐射热来加热养护混凝土。

以上所述几种方法，在严寒地区往往是同时使用，如在用热水拌制混凝土的同时，掺入早强剂，并采用蒸汽养护，效果非常显著。

3.1.3.2 混凝土雨季施工

混凝土的浇筑尽量避开雨天施工，如必须安排在雨天施工，要准备好塑料布等防雨措施，混凝土配合比要按砂石实际含水量进行调整，保证混凝土浇筑质量。混凝土浇筑后，立即用塑料布进行覆盖，防止混凝土表面遭遇雨水的冲刷。

雨季施工注意事项如下：

(1) 应根据砂石的含水率及时调整用水量。

(2) 雨季施工砂浆的流动性不宜太大。

(3) 雨季施工留置的施工缝一定要按照施工缝的有关要求处理。

(4) 混凝土的坍落度一定不要过大。

任务3.2 混凝土的质量监控

3.2.1 蜂窝现象

蜂窝现象是指混凝土结构局部出现酥点蜂窝的现象。

3.2.1.1 产生的原因

(1) 混凝土配合比不当或砂、石子、水泥材料加水量计量不准，造成砂浆少、石子多。

(2) 混凝土搅拌时间不够，未拌和均匀，和易性差，振捣不密实。

(3) 下料不当或下料过高，未设串通使石子集中，造成石子砂浆离析。

(4) 混凝土未分层下料，振捣不实，或漏振，或振捣时间不够。

(5) 模板缝隙未堵严，水泥浆流失。

(6) 钢筋较密，使用的石子粒径过大或坍落度过小。

(7) 基础、柱、墙根部未稍加间歇就继续灌上层混凝土。

3.2.1.2 防治的措施

(1) 认真设计、严格控制混凝土配合比，经常检查，做到计量准确、混凝土拌和均匀、坍落度适合；混凝土下料高度超过2m应设串筒或溜槽：浇灌应分层下料、分层振捣，防止漏振：模板缝应堵塞严密，浇灌中，应随时检查模板支撑情况防止漏浆；基础、柱、墙根部应在下部浇完，间歇1～1.5h，沉实后再浇上部混凝土，避免出现“烂脖子”。

(2) 小蜂窝：洗刷干净后，用1∶2或1∶2.5水泥砂浆抹平压实；较大蜂窝，凿去蜂窝处薄弱松散颗粒，刷洗净后，支模用高一级细石混凝土仔细填塞捣实；较深蜂窝，如清除困难，可埋压浆管、排气管，表面抹砂浆或灌筑混凝土封闭后，进行水泥压浆处理。

3.2.2 麻面现象

麻面现象是指混凝土局部表面出现缺浆和许多小凹坑、麻点，形成粗糙面，但无钢筋外露的现象。

3.2.2.1 产生的原因

(1) 模板表面粗糙或黏附水泥浆渣等杂物未清理干净，拆模时混凝土表面被粘坏。

(2) 模板未浇水湿润或湿润不够，构件表面混凝土的水分被吸去，使混凝土失水过多出现麻面。

(3) 模板拼缝不严，局部漏浆。

(4) 模板隔离剂涂刷不匀，或局部漏刷或失效，混凝土表面与模板黏结造成麻面。

(5) 混凝土振捣不实，气泡未排出，停在模板表面形成麻点。

3.2.2.2 防治的措施

(1) 模板表面清理干净，不得黏有干硬水泥砂浆等杂物，浇灌混凝土前，模板应浇水充分湿润，模板缝隙，应用油毡纸、腻子等堵严，模板隔离剂应选用长效的，涂刷均匀，不得漏刷；混凝土应分层均匀振捣密实，至排除气泡为止。

(2) 表面做粉刷的，可不处理，表面无粉刷的，应在麻面部位浇水充分湿润后，用原混凝土配合比去石子砂浆，将麻面抹平压光。

3.2.3 孔洞现象

孔洞现象是指混凝土结构内部有尺寸较大的空隙，局部没有混凝土或蜂窝特别大，钢筋局部或全部裸露的现象。

3.2.3.1 产生的原因

(1) 在钢筋较密的部位或预留孔洞和埋件处，混凝土下料被搁住，未振捣就继续浇筑上层混凝土。

(2) 混凝土离析，砂浆分离，石子成堆，严重跑浆，又未进行振捣。

(3) 混凝土一次下料过多、过厚，下料过高，振捣器振动不到，形成松散孔洞。

(4) 混凝土内掉入工具、木块、泥块等杂物，混凝土被卡住。

3.2.3.2 防治的措施

(1) 在钢筋密集处及复杂部位，采用细石混凝土浇灌，在模板内充满，认真分层振捣密实，预留孔洞，应两侧同时下料，侧面加开浇灌门，严防漏振，砂石中混有黏土块、模板工具等杂物掉入混凝土内，应及时清除干净。

(2) 将孔洞周围的松散混凝土和软弱浆膜凿除，用压力水冲洗，湿润后用高强度等级细石混凝土仔细浇灌、捣实。

3.2.4 露筋现象

露筋现象是指混凝土内部主筋、副筋或箍筋局部裸露在结构构件表面的现象。

3.2.4.1 产生的原因

(1) 灌筑混凝土时，钢筋保护层垫块位移或垫块太少或漏放，致使钢筋紧贴模板外露。

(2) 结构构件截面小，钢筋过密，石子卡在钢筋上，使水泥砂浆不能充满钢筋周围，造成露筋。

(3) 混凝土配合比不当，产生离析，模板部位缺浆或模板漏浆。

(4) 混凝土保护层太小或保护层处混凝土漏振或振捣不实；或振捣棒撞击钢筋或踩踏钢筋，使钢筋位移，造成露筋。

(5) 木模板未浇水湿润，吸水黏结或脱模过早，拆模时缺棱、掉角，导致漏筋。

3.2.4.2 防治的措施

(1) 浇灌混凝土，应保证钢筋位置和保护层厚度正确，并加强检验查，钢筋密集时，应选用适当粒径的石子，保证混凝土配合比准确和良好的和易性；浇灌高度超过 2m，应用串筒或溜槽进行下料，以防止离析；模板应充分湿润并认真堵好缝隙；混凝土振捣严禁撞击钢筋，操作时，避免踩踏钢筋，如有踩弯或脱扣等及时调整；保护层混凝土要振捣密实；正确掌握脱模时间，防止过早拆模、碰坏棱角。

(2) 表面漏筋，刷洗净后，在表面抹 1∶2 或 1∶2.5 水泥砂浆，将充满漏筋部位抹平；漏筋较深的，凿去薄弱混凝土和突出颗粒，洗刷干净后，用比原来高一级的细石混凝土填塞压实。

3.2.5 缝隙、夹层现象

缝隙、夹层现象是指混凝土内存在水平或垂直的松散混凝土夹层的现象。

3.2.5.1 产生的原因

(1) 施工缝或变形缝未经接缝处理、清除表面水泥薄膜和松动石子，未除去软弱混凝土层并充分湿润就灌筑混凝土。

(2) 施工缝处锯屑、泥土、砖块等杂物未清除或未清除干净。

(3) 混凝土浇灌高度过大，未设串筒、溜槽，造成混凝土离析。

(4) 底层交接处未灌接缝砂浆层，接缝处混凝土未很好地振捣。

3.2.5.2 防治的措施

(1) 认真按施工验收规范要求处理施工缝及变形缝表面；接缝处锯屑、泥土、砖块等杂物应清理干净并洗净；混凝土浇灌高度大于 2m 应设串筒或溜槽，接缝处浇灌前应先浇 50～100mm 厚原配合比无石子砂浆，以利结合良好，并加强接缝处混凝土的振捣密实。

(2) 缝隙夹层不深时，可将松散混凝土凿去，洗刷干净后，用 1∶2 或 1∶2.5 水泥砂浆填密实；缝隙夹层较深时，应清除松散部分和内部夹杂物，用压力水冲洗干净后支模，灌细石混凝土或将表面封闭后进行压浆处理。

3.2.6 缺棱掉角现象

缺棱掉角现象是指结构或构件边角处混凝土局部掉落、不规则、棱角有缺陷的现象。

3.2.6.1 产生的原因

(1) 木模板未充分浇水湿润或湿润不够，混凝土浇筑后养护不好，造成脱水、强度低，或模板吸水膨胀将边角拉裂，拆模时，棱角被黏掉。

(2) 低温施工过早拆除侧面非承重模板。

(3) 拆模时，边角受外力或重物撞击，或保护不好，棱角被碰掉。

(4) 模板未涂刷隔离剂，或涂刷不均。

3.2.6.2 防治的措施

(1) 木模板在浇筑混凝土前应充分湿润，混凝土浇筑后应认真浇水养护，拆除侧面非承重模板时，混凝土应具有 $1.2N/mm^2$ 以上强度；拆模时注意保护棱角，避免用力过猛过急；吊运模板，防止撞击棱角，运输时，将成品阳角用草袋等保护好，以免碰损。

(2) 缺棱掉角，可将该处松散颗粒凿除，冲洗充分湿润后，视破损程度用 1∶2 或 1∶2.5 水泥砂浆抹补齐整，或支模用比原来高一级的混凝土捣实补好，认真养护。

3.2.7 表面不平整现象

表面不平整现象是指混凝土表面凹凸不平，或板厚薄不一、表面不平的现象。

3.2.7.1 产生的原因

(1) 混凝土浇筑后，表面仅用铁锹拍平，未用抹子找平压光，造成表面粗糙不平。

(2) 模板未支承在坚硬土层上，或支承面不足，或支撑松动、泡水，致使新浇灌混凝土早期养护时发生不均匀下沉。

(3) 混凝土未达到一定强度时，上人操作或运料，使表面出现凹陷不平或印痕。

3.2.7.2 防治措施

严格按施工规范操作，灌筑混凝土后，应根据水平控制标志或弹线用抹子找平、压光，终凝后浇水养护；模板应有足够的强度、刚度和稳定性，应支在坚实地基上，有足够的支承面积，并防止浸水，以保证不发生下沉。

在浇筑混凝土时，加强检查，凝土强度达到 $1.2N/mm^2$ 以上，方可在已浇结构上走动。

3.2.8 强度不够、均质性差现象

强度不够、均质性差现象是指同批混凝土试块的抗压强度平均值低于设计要求强度等级的现象。

3.2.8.1 产生的原因

(1) 水泥过期或受潮，活性降低；砂、石集料级配不好，空隙大，含泥量大，杂物多，外加剂使用不当，掺量不准确。

(2) 混凝土配合比不当，计量不准，施工中随意加水，使水灰比增大。

(3) 混凝土加料顺序颠倒，搅拌时间不够，拌和不匀。

(4) 冬期施工，拆模过早或早期受冻。

(5) 混凝土试块制作未振捣密实，养护管理不善，或养护条件不符合要求，在同条件养护时，早期脱水或受外力破坏。

3.2.8.2 防治措施

(1) 水泥应有出厂合格证，新鲜无结块，过期水泥经试验合格才能用；砂、石子粒径、级配、含泥量等应符合要求，严格控制混凝土配合比，保证计量准确，混凝土应按顺序拌制，保证搅拌时间和拌匀；防止混凝土早期受冻，冬期施工用普通水泥配制混凝土，强度达到30%以上，矿渣水泥配制的混凝土，强度达到40%以上，始可遭受冻结，按施工规范要求认真制作混凝土试块，并加强对试块的管理和养护。

(2) 当混凝土强度偏低，可用非破损方法（如回弹仪法、超声波法等）来测定结构混

凝土实际强度，如仍不能满足要求，可按实际强度校核结构的安全度，研究处理方案，采取相应加固或补强措施。

任务3.3 模板作业施工

模板作业是钢筋混凝土工程的重要辅助作业，模板工程量大，材料和劳动力消耗多，正确选择材料形成和合理组织施工，对加快施工速度和降低工程造价意义重大，模板主要是对新浇塑性混凝土起成型和支承作用，同时还具有保护和改善混凝土表面质量的作用。

3.3.1 模板的基本要求

模板及其支撑系统必须满足下列要求：

(1) 保证工程结构和构件各部分形状尺寸和相互位置的正确。

(2) 具有足够的承载能力、刚度和稳定性，以保证施工安全。

(3) 构造简单，装拆方便，能多次周转使用。

(4) 模板的接缝不应漏浆。

(5) 模板与混凝土的接触面应涂隔离剂脱模，严禁隔离剂污染钢筋与混凝土接槎处。

3.3.2 模板的基本类型

按制作材料，模板可分为木模板、钢模板、混凝土和钢筋混凝土预制模板。

按模板形状，其可分为平面模板和曲面模板。

按受力条件，其可分为承重模板和侧面模板；侧面模板按其支承受力方式，又分为简支模板、悬臂模板和半悬臂模板。

按架立和工作特征，模板可分为固定式、拆移式、移动式和滑动式。

3.3.3 模板的设计荷载

模板及其支承结构应具有足够的强度、刚度和稳定性，必须能承受施工中可能出现的各种荷载的最不利组合，其结构变形应在允许范围以内。模板及其支架承受的荷载分为基本荷载和特殊荷载两类。

3.3.3.1 基本荷载

(1) 模板及其支架的自重，根据设计图确定。木材的容重，针叶类按 $600kg/m^3$，阔叶类按 $800kg/m^3$ 计算。

(2) 新浇混凝土重量，通常可按 24～25kN 计算。

(3) 钢筋重量，对一般钢筋混凝土，可按 $1kN/m^3$ 计算。

(4) 工作人员及浇筑设备、工具等荷载，计算模板及直接支撑模板的楞木时，可按均布活荷载 $2.5kN/m^2$ 及集中荷载 2.5kN 验算。计算支承楞木的构件时，可按 $1.5kN/m^2$ 计，计算支架立柱时，按 $1kN/m^2$ 计。

(5) 振捣混凝土产生的荷载，可按 $1kN/m^2$ 计。

(6) 新浇混凝土的侧压力与混凝土初凝前的浇筑速度、捣实方法、凝固速度、坍落度及浇筑块的平面尺寸等因素有关，其中以前三个因素关系最密切。在振动影响范围内，混凝土因振动而液化，可按静水压力计算其侧压力，所不同者，只是用流态混凝土的容重取代水的容重。当计入温度和浇筑速度的影响，混凝土不加缓凝剂，且坍落度在11cm以内时，新浇大体积混凝土的最大侧压力值可参考表3.3选用。

表3.3　混凝土最大侧压力 P_m 值　　单位：tf/m^2

温度/℃	平均浇筑速度/$(m\cdot h^{-1})$						混凝土侧压力
	0.1	0.2	0.3	0.4	0.5	0.6	分布图
5	2.3	2.6	2.8	3	3.2	3.3	$h_m=P_m/r$ $3h_m$
10	2	2.3	2.5	2.7	2.9	3	
15	1.8	2.1	2.3	2.5	2.7	2.8	
20	1.5	1.8	2	2.2	2.4	2.5	
25	1.3	1.6	1.8	2	2.2	2.3	

注　压力的法定计算单位为Pa，$1tf/m^2=9.80665\times10^3Pa$。

3.3.3.2　特殊荷载

（1）风荷载，根据施工地区和立模部位离地面的高度，按现行《建筑结构荷载规范》（GB 50009—2012）确定。

（2）上列7项荷载以外的其他荷载。

在计算模板及支架的强度和刚度时，应根据模板的种类，选择表3.4的基本荷载组合。特殊荷载可按实际情况计算，如平仓机、非模板工程的脚手架、工作平台、混凝土浇筑过程不对称的水平推力及重心偏移、超过规定堆放的材料等。

表3.4　各种模板结构的基本荷载组合

项次	模板种类		基本荷载组合	
			计算强度用	计算刚度用
1	承重模板	板、薄壳底模板及支架	(1)+(2)+(3)+(4)	(1)+(2)+(3)
		梁、其他混凝土结构（厚于0.4m）的底模板及支架	(1)+(2)+(3)+(5)	(1)+(2)+(3)
2	竖向模板		(6)或(5)+(6)	(6)

3.3.3.3　承重模板及支架的抗倾稳定性

抗倾稳定性应按下列要求核算。

1. 倾覆力矩

应计算下列三项倾覆力矩，并采用其中的最大值。

（1）水荷载，按现行《建筑结构荷载规范》（GB 50009—2012）确定。

（2）实际可能发生的最大水平作用力。

（3）作用于承重模板边缘水平力的1.25倍力。

2. 稳定力矩

模板及支架的自重，折减系数为0.8；如同时安装钢筋，应包括钢筋的重量。

3. 抗倾稳定系数

抗倾稳定系数大于1.4；模板的跨度大于4m。

3.3.4 模板的安装

模板的安装包括放样、立模、支撑加固、吊正找平、尺寸校核、堵设缝隙及清仓去污等工序。模板安装必须按设计图纸测量放样，对重要结构应多设控制点，以利检查校正。模板安装好后，要进行质量检查；检查合格后，才能进行下一道工序。应经常保持足够的固定设施，以防模板倾覆。对于大体积混凝土浇筑块，成型后的偏差，不应超过木模安装允许偏差的50%～100%，取值大小视结构物的重要性而定。水工建筑物混凝土木模安装的允许偏差，应根据结构物的安全、运行条件、经济和美观要求确定，一般不得超过表3.5所规定的偏差值。

表3.5　大体积混凝土木模板安装的允许偏差　单位：mm

项次	偏差项目		混凝土结构部位	
			外露表面	隐藏内面
1	模板平整度	相邻两面板高差	3	5
2		局部不平（用2m直尺检查）	5	10
3	结构物边线与设计边线		10	15
4	结构物水平截面内部尺寸		±20	
5	承重模板标高		±5	
6	预留孔、洞尺寸及位置		±10	

在安装过程中，应注意下述事项：

(1) 垂直方向用垂球校对，水平长度用钢尺丈量两次以上，务使模板的尺寸符合设计标准。

(2) 模板各结合点与支撑必须坚固紧密、牢固可靠。

(3) 凡属承重的梁板结构，跨度大于4m以上时，由于地基的沉陷和支撑结构的压缩变形，跨中应预留起拱高度。每米增高3mm，两边逐渐减少，至两端同原设计高程等高。

(4) 安装模板时，撑柱下端应设置硬木楔形垫块，所用支撑不得直接支承于地面，应安装在坚实的桩基或垫板上。

(5) 模板安装完毕，最好立即浇筑混凝土。

(6) 安装边墙、柱、闸墩等模板时，在浇筑混凝土以前，应将模板内杂物清除干净。

(7) 模板安装的偏差，应符合设计要求的规定，特别是对于通过高速水流，有金属结构及机电安装等部位，更不应超出规范的允许值。

(8) 模板安装前或安装后，为防止模板与混凝土黏结在一起，便于拆模，应及时在模板的表面涂刷隔离剂。

3.3.5 模板的拆除

拆模的迟早，影响混凝土质量和模板使用的周转率。施工规范规定，非承重侧面模板，混凝土强度应达到2.5MPa以上，其表面和棱角不因拆模而损坏时方可拆除。一般需2～7d，夏天2～4d，冬天5～7d。混凝土表面质量要求高的部位，拆模时间宜晚一些。而钢筋混凝土结构的承重模板，要求达到下列规定值（按混凝土设计强度等级的百分比）：

(1) 当梁、板、拱的跨度<2m时，要求达到设计强度的50%。

(2) 跨度为2～5m时，要求达到设计强度的70%。

(3) 跨度为5m以上，要求达到设计强度的100%。

(4) 悬臂板、梁跨度<2m为70%；跨度>2m为100%。

拆模程序和方法。在同一浇筑仓的模板，按“先装的后拆，后装的先拆”的原理，按次序、有步骤地进行，不能乱撬。拆模时，应尽量减少对模板的损坏，以提高模板的周转次数。要注意防止大片模板坠落；高处拆组合钢模板，应使用绳索逐块下放，模板连接件、支撑件及时清理，收检归堆。

模板拆卸工作应注意以下事项：

(1) 模板拆除工作应遵守一定的方法与步骤。拆模时要按照模板各结合点构造情况，逐块松卸。首先去掉扒钉、螺栓等连接铁件，然后用撬杠将模板松动或用木楔插入模板与混凝土接触面的缝隙中，以锤击木楔，使模板与混凝土面逐渐分离。拆模时，禁止用重锤直接敲击模板，以免使建筑物受到强烈振动或将模板毁坏。

(2) 拆卸拱形模板时，应先将支柱下的木楔缓慢放松，使拱架徐徐下降，并从跨中点向两端同时对称拆卸。拆卸跨度较大的拱模时，则需从拱顶中部分段分期向两端对称拆卸。

(3) 高空拆卸模板时，不得将模板自高处摔下，而应用绳索吊卸，以防砸坏模板或发生事故。

(4) 当模板拆卸完毕后，应及时整修，按规格分放，妥加保管。

(5) 对于大体积混凝土，为了防止拆模后混凝土表面温度骤然下降而产生表面裂缝，应考虑外界温度的变化而确定拆模时间，并避免早、晚或夜间拆模。

任务3.4 水 闸 施 工

水闸由上游段、闸室段、下游段三部分组成。一般大、中型水闸的主要部分（如闸室）多为混凝土及钢筋混凝土工程，其施工内容一般可分为以下几个部分：

(1) 导流工程与基坑排水。

(2) 基坑开挖与基础处理。

(3) 闸室段的底板、闸墩、边墩、胸墙及交通桥，工作桥施工。

(4) 上、下游连接段的铺盖，护坦、海漫、防冲槽的施工。

(5) 两岸的上、下游翼墙、刺墙、上、下游护坡的施工。

(6) 闸门及启闭设备的安装。

3.4.1 浇筑顺序与筑块划分

3.4.1.1 浇筑顺序

混凝土浇筑是水闸施工中的主要环节，各部分的施工次序应遵守以下原则：

(1) 先深后浅。

先深后浅即先浇深基础，后浇浅基础，以免浅基土体受扰动破坏，并减少排水工作难度。

(2) 先重后轻。

先重后轻即先浇荷重较大的部分，待其完成部分沉陷后，再浇筑与其相邻的荷重较小的部分，以减少两者的沉陷差。

(3) 先高后低。

先高后低即某些高度较大要分几次浇筑的部位或有上层建筑物的部位应先行浇筑。如底板与闸墩应尽量先安排浇筑，以便上部桥梁与启闭设备安装，而翼墙、消力池则可安排稍后施工。

(4) 次要服从主要。

那些工程部位不论排前或排后对其他部位的进度和工程质量并无影响或影响甚微，则可认为是次要项目，应服从主要项目的进展穿插其间施工。

3.4.1.2 分缝分块

水闸通常由结构缝（包括沉陷缝和温度缝）分成许多结构块。当结构块较大时，为了施工方便，又须用施工缝分为若干小块，称为筑块，筑块的大小，是根据施工条件（混凝土的生产、运输能力）以及浇筑的连续性确定的。

1. 筑块面积

以混凝土不产生冷缝为控制条件，则

$$A \leqslant \frac{Qk}{h}(t_2 - t_1) \tag{3.1}$$

2. 筑块体积

以混凝土拌和站的实际生产能力为控制条件：

$$V \leqslant mQ \tag{3.2}$$

式中 Q——混凝土拌和站实用生产率，m^3/s；

k——混凝土运输延误系数，s，取 0.80～0.85s；

t_2——混凝土浇筑时允许的间隔时间，h；

t_1——混凝土运输时间，h；

h——混凝土铺料厚度，m；

m——非三班制作业时，拌和站连续生产的时间，h。

若模板架立高度受施工技术等条件限制，则也应作为一个条件考虑。

在满足式（3.1）和式（3.2）的前提下，划分筑块的数目，应尽可能少些，以减少施工工序，加快施工速度。

3.4.2 主体施工

3.4.2.1 闸室底板施工

在闸室地基处理后，软基多先铺筑素混凝土垫层 8～10cm，以保护地基，找平基面。浇筑前先进行扎筋、立模、搭设仓面脚手架和清仓工作。

浇筑底板时运送混凝土入仓的方法很多。可以用载重汽车装载立罐通过履带式起重机吊运入仓，也可以用自卸汽车通过卧罐、履带式起重机入仓。采用上述两种方法时，都不需要在仓面搭设脚手架。

若用手推车、斗车或机动翻斗车等运输工具运送混凝土入仓，必须在仓面搭设脚手架。仓面脚手架和模板的布置如图 3.21 所示。

在搭设脚手架前，应先预制混凝土支柱（断面约定 15cm×15cm，高度略小于底板厚

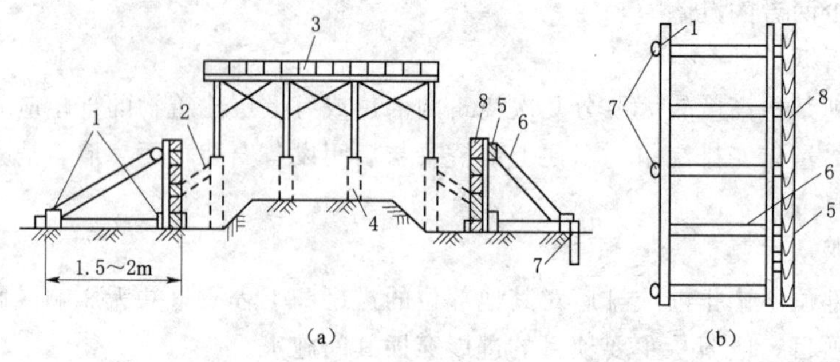

图 3.21 仓面脚手架和模板的布置
(a) 剖面图；(b) 模板平面
1—地木龙；2—内撑；3—仓面脚手架；4—混凝土柱；5—横围囹木；6—斜撑；7—木桩；8—模板

板，表面应凿毛洗净)。柱的间距，视横梁的跨度面定，然后在混凝土柱顶上架立短木柱、斜撑、横梁等以组成脚手架。当底板浇筑接近完成时，可将脚手架拆除，并立即对混凝土表面进行抹面。底板的上、下游一般都设有齿墙，待齿墙浇平后，第一组由下游向上游进行，抽出第二组去浇上游齿墙，当第一组浇到底板中部时，第二组的上游齿墙已基本浇平，然后将第二组转到下游浇筑第二坯。当第二组浇到底板中部，第一组已到达上游底板边缘，这时第一组再转回浇第三坯。如此连续进行，可缩短每坯间隔时间，因而可以避免冷缝的产生，提高工程质量，加快施工进度。

钢筋混凝土底板，往往有上下两层钢筋。在进料口处，上层钢筋易被砸变形。故开始浇筑混凝土时，该处上层钢筋可暂不绑扎，待混凝土浇筑面将要到达上层钢筋位置时，再进行绑扎，以免因校正钢筋变形延误浇筑时间。

水闸的闸室部分重量很大，沉陷量也很大；而相邻的消力池，则重量较轻，沉陷量也小。如两者同时浇筑，由于不均匀沉陷，往往造成沉陷缝的较大差动，可能将止水片撕裂，为了避免上述情况，最好先浇筑闸室部分，让其沉陷一段时间再浇消力池。但是这样对施工安排不利，为了使底板与消力池能够穿插施工，可在消力池靠近底板处留一道施工缝，将消力池分成大小两部分。在浇筑闸墩时，就可穿插浇筑消力池的大部分，当闸室已有足够沉陷后，便可浇筑消力池的小部分。在浇筑第二部分消力池时，施工缝应进行凿毛冲洗等处理。

3.4.2.2 闸墩施工

由于闸墩高度大、厚度小、门槽处钢筋较密，闸墩相对位置要求严格，所以闸墩的立模与混凝土浇筑是施工中的关键。

1. 闸墩模板安装

为使闸墩混凝土一次浇筑达到设计高度，闸墩模板不仅要有足够的强度，而且要有足够的刚度。所以闸墩模板安装以往采用“铁板螺栓、对拉撑木”的立模支撑方法。此法虽需耗用大量木材（对于木模板而言）和钢材，工序繁多，但对中小型水闸施工仍较为方便。由于滑模板施工方法在水利工程上的应用，目前有条件的施工单位，闸墩混凝土浇筑逐渐采用滑模施工。

“铁板螺栓、对拉撑木”模板安装如下。

立模前，应准备好两种固定模板的对销螺栓：一种是两端都绞丝的圆钢，直径可选用12mm、16mm 或 19mm，长度大于闸墩厚度并视实际安装需要确定；另一种是一端绞丝，另一端焊接一块 5mm×40mm×400mm 扁铁的螺栓，扁铁上钻两个圆孔，以便固定在对拉撑木上。还要准备好等于墩墙厚度的毛竹管或预制空心的混凝土撑头。

闸墩立模时，其两侧模板要同时相对进行。先立平直模板，次立墩头模板。在闸底板上架立第一层模板时，上口必须保持水平。在闸墩两侧模板上，每隔 1m 左右钻与螺栓直径相应的圆孔，并于模板内侧对准圆孔撑以毛竹管或混凝土撑头，再将螺栓穿入，且端头穿出横向双夹围囹竖直围囹木，然后用螺帽拧紧在竖直围囹木上。铁板螺栓带扁铁的一端与水平对拉撑木相接，与两端均绞丝的螺栓要相间布置。在对拉撑木与竖直围囹木之间要留有 10cm 空隙，以便用木楔校正对拉撑木的松紧度。对拉撑木是为了防止每孔闸墩模板的歪斜与变形。若闸墩不高，可每隔两根对销螺栓放一根铁板螺栓。具体安装如图 3.22 和图 3.23 所示。当水闸为三孔一联整体底板时，则中孔可不予支撑。在双孔底板的闸墩上，则宜将两孔同时支撑，这样可使三个闸墩同时浇筑。

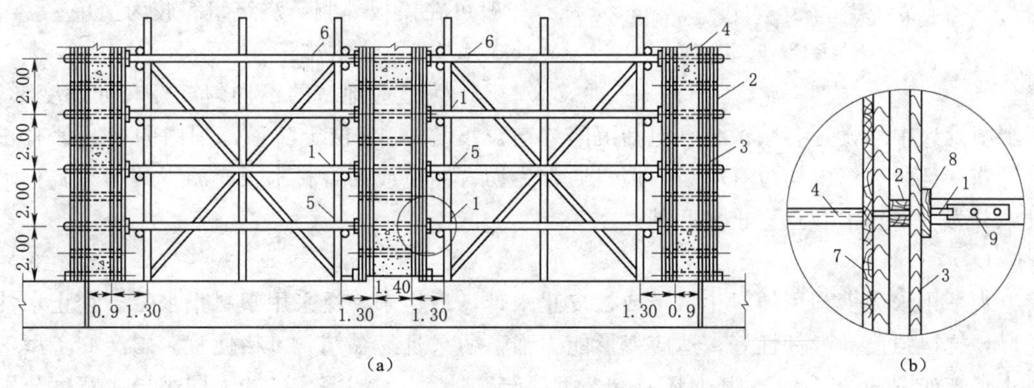

图 3.22　铁板螺栓对拉撑木支撑的闸墩模板

1—铁板螺栓；2—双夹围囹；3—纵向围囹；4—毛竹管；5—马钉；6—对拉撑木；7—模板；8—木楔块；9—螺栓

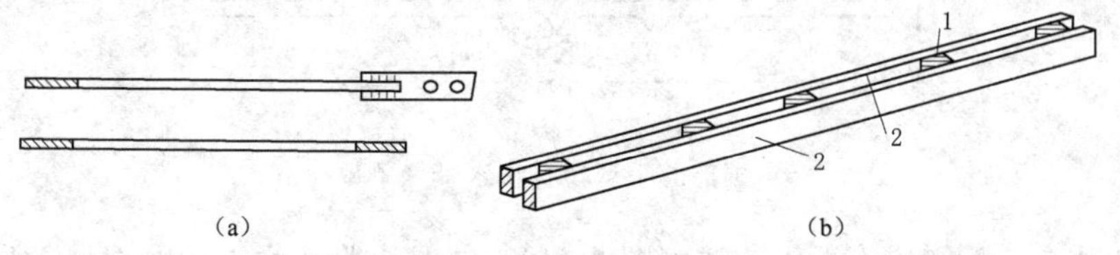

图 3.23　对销螺栓及双夹围囹

(a) 对销螺栓和铁板螺栓；(b) 双夹围囹

1—每隔 1m 一块的 2.5cm 小木块；2—两块 5cm×15cm 的木块

2. 混凝土浇筑

闸墩模板（图 3.24）立好后，随即进行清仓工作。用压力水冲洗模板内侧和闸墩底面，污水由底层模板上的预留孔排出。清仓完毕堵塞小孔后，即可进行混凝土浇筑。

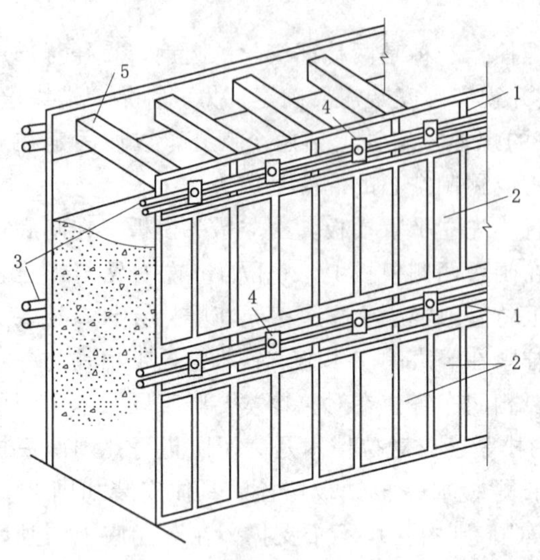

图 3.24 钢模组装示意图

1—腰箍模板；2—定型钢模；3—双夹围图（钢管）；4—对销螺栓；5—水泥撑木

闸墩混凝土的浇筑，主要是解决好两个问题：一是每块底板上闸墩混凝土的均衡上升；二是流态混凝土的入仓及仓内混凝土的铺筑。

为了保证混凝土的均衡上升，运送混凝土入仓时应很好地组织，使在同一时间运到同一底板各闸墩的混凝土量大致相同。

为防止流态混凝土由 8～10m 高度下落时产生离析，应在仓内设置溜管，可每隔 2～3m 设置一组。由于仓内工作面窄，浇捣工人走动困难，可把仓内浇筑面分划成几个区段，每区段内固定浇捣工人，这样可提高工效。每坯混凝土厚度可控制在 30cm 左右。小型水闸闸墩浇筑时，工人一般可在模板外侧，浇筑组织较为简单。

3.4.2.3 止水施工

为适应地基的不均匀沉降和伸缩变形，在水闸设计中均设置有结构缝（包括沉陷缝与温度缝）。凡位于防渗范围内的缝，都有止水设施；且所有缝内均应有填料，填料通常为沥青油毡或沥青杉木板、沥青芦苇等。止水设施分为水平止水和垂直止水两种。

1. 水平止水

水平止水大多利用塑料止水带或橡皮止水带，近年来广泛采用塑料止水带。它止水性能好，抗拉强度高，韧性好，适应变形能力强，耐久且易黏结，价格便宜。国产 651 型塑料止水带如图 3.25 所示，其他还有 652 型、653 型、654 型等，形式大同小异，宽度分别为 28cm、23cm、35cm，可根据实际情况采用。

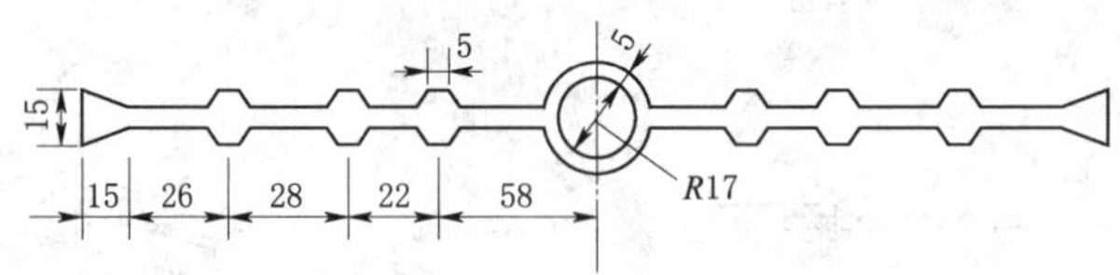

图 3.25 国产 651 型塑料止水带（单位：mm）

水平止水施工简单，有两种方法（图 3.26）：一是先将止水带的一端埋入先浇块的混凝土中，拆模后安装填料，再浇另一侧混凝土，二是先将填料及止水带的一端安装在先浇块模板内侧，混凝土浇好拆模后，止水带嵌入混凝土，填料被贴在混凝土表面，随后再浇后浇块混凝土。

2. 垂直止水

垂直止水多用金属止水片，重要部分用紫铜片，一般可用铝片、镀锌或镀铜铁皮。重要结构要求止水片与沥青井联合使用，垂直止水施工过程如图 3.27 所示，沥青井用预制

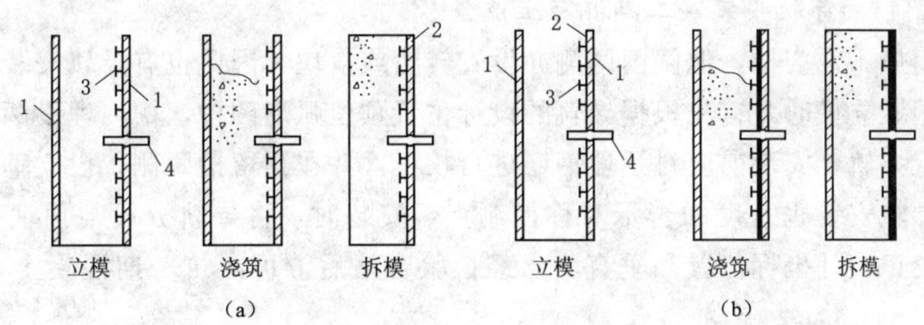

图 3.26　水平止水安装示意图

(a) 先浇混凝土后装填料；(b) 先装填料后浇混凝土

1—模板；2—填料；3—铁钉；4—止水带

混凝土块砌筑，用水泥砂浆胶结，2～3m 可分为一段，与混凝土接触面应凿毛，以利于结合，沥青要在后浇块浇筑前随预制块的接长分段灌注。井内灌注的是沥青胶，其配合比为沥青：水泥：石棉粉＝2：2：1。沥青井内沥青的加热方式，有蒸汽管加热和电加热两种，多采用电加热。

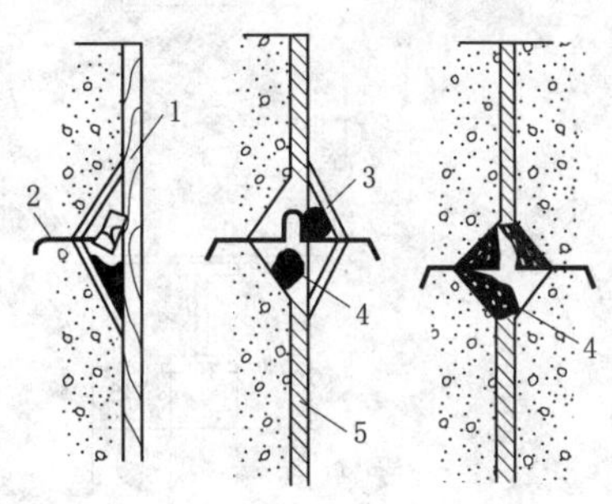

图 3.27　垂直止水施工过程

1—模板；2—金属止水片；3—预制混凝土块；4—灌热沥青；5—填料

3.4.2.4　门槽二期混凝土施工

1. 平板闸门门槽施工

采用平板闸门的水闸，闸墩部位都设有门槽，门槽部分的混凝土中埋有导轨等铁件，如滑动导轨，主轮、侧轮及反轮导轨，止水座等。这些铁件的埋设有以下两种方法。

(1) 直接预埋，一次浇筑混凝土。

在闸墩立模时将导轨等铁件直接预埋在模板内侧。施工时一次浇筑闸墩混凝土成型。这种方法适用于小型水闸，在导轨较小时施工方便，且能保证质量。施工中应严格控制门槽垂直度，在立模及浇筑过程中应随时用锤球校核。发现偏斜应及时予以调整。当门槽较高时，垂球易于晃动，可在垂球下部放一桶油，把垂球浸于黏度较大的油中。垂球应选用 0.5～1kg 的大垂球。

(2) 留槽二次浇筑混凝土。

中型以上水闸，在闸墩立模时，于门槽部位留出大于门槽尺寸的凹槽，同时将导轨基础螺栓预埋在凹槽的模板上，闸墩第一次浇筑拆模后导轨基础螺栓即埋入混凝土中。

导轨安装前，要对基础螺栓进行校正，安装导轨过程中应随时用垂球控制垂直度。埋件安装检查合格后，宜立即浇筑二期混凝土，如图 3.28 所示。如间隔时间过长或遇有碰撞，应予复测，合格后方可浇筑。

浇筑二期混凝土时，需用较细骨料混凝土，振捣时要防止撞击埋件。当门槽较高时，可以分段安装和浇筑。二期混凝土拆模后，应对门槽混凝土尺寸和埋件进行复测，并做好记录，同时清除杂物，避免影响闸门启闭。

2. 弧形闸门的导轨安装及二期混凝土浇筑

弧形闸门虽不设门槽，但闸门两侧亦设置转轮或滑块，因此也有导轨安装及二期混凝土施工。在闸墩立模时，首先根据导轨的设计位置预留弧形凹槽，槽内埋设两排钢筋，用于拆模后固定导轨。安装前应对预埋钢筋进行校正，并在预留槽两侧，设立垂直于闸墩侧面并能控制导轨安装垂直度的若干对称控制点，安装时，将导轨分段与预埋钢筋焊接固定，并逐一校正设计坐标位置和垂直度，经检验合格后方可浇筑二期混凝土，如图 3.29 所示。

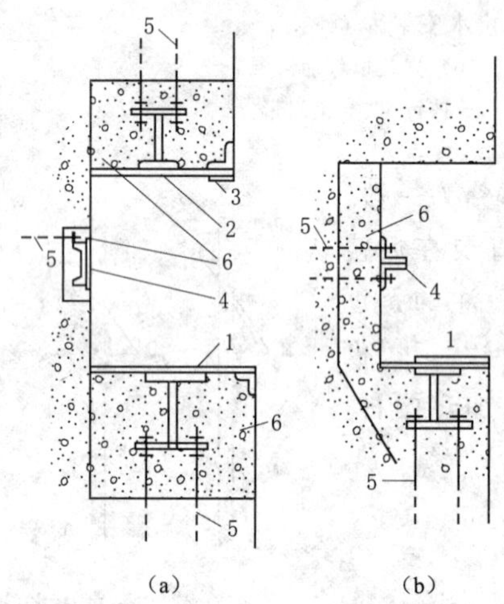

图 3.28 门槽二期混凝土示意图

(a) 滚轮闸门的门槽；(b) 滑动闸门的门槽

1—主轮（或滑动）导轨；2—反轮导轨；3—侧水封座；4—侧导轮；5—预埋基础螺栓；6—二期混凝土

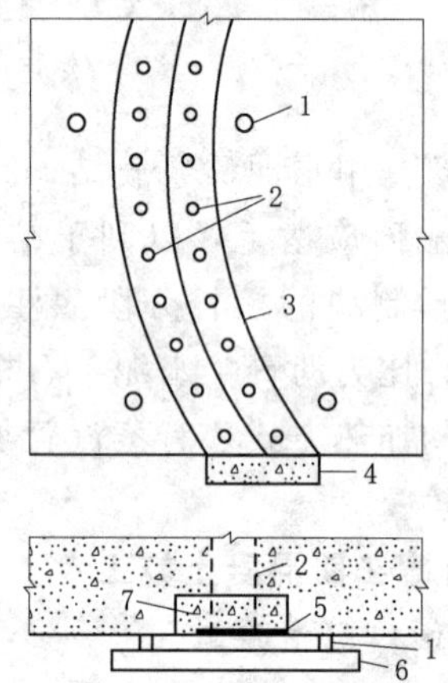

图 3.29 弧形门侧轨安装示意图

1—垂直平面控制点；2—预埋钢筋；3—预留槽；4—底坎；5—侧轨；6—样尺；7—门槽二期混凝土

任务 3.5 重力坝施工

重力坝是利用坝体的自重抵抗水体侧压力、风力、浮力等合力进行挡水的一种坝型。采用普通混凝土浇筑成型的大坝称作混凝土大坝，而采用碾压混凝土浇筑成型的大坝称为碾压混凝土坝。普通混凝土刚拌和出来时表面稀稠，而碾压混凝土是含特殊材料的混凝土，拌和出来不仅不稀，反显干糙，要经碾压才能成型。

(1) 碾压混凝土坝的施工工艺程序是：先在初浇层铺砂浆，汽车运输入仓，平仓机平仓，振动压实机压实，振动切缝机切缝，切完缝再沿缝无振碾压两遍。

(2) 碾压混凝土坝施工主要特点是：采用干贫混凝土；大量掺加粉煤灰，以减少水泥用量；采用通仓薄层浇筑；同时要采取温度控制和表面防裂措施。

(3) 影响碾压混凝土坝施工质量的因素主要有：碾压时拌和料的干湿度，卸料、平仓、碾压的质量控制以及碾压混凝土的养护和防护等。

目前常用的几种主要质量控制手段有：

1) 在碾压混凝土生产过程中，常用 VeBe 仪测定碾压混凝土的稠度，以控制配合比。

2）在碾压过程中，可使用核子密度仪测定碾压混凝土的湿密度和压实度，对碾压层的均匀性进行控制。

3）碾压混凝土的强度在施工过程中是以监测密度进行控制的，并通过钻孔取芯样校核其强度是否满足设计要求。

项目法人单位应定期组织安全检查，检查的主要内容有：各参建单位各项安全生产管理制度是否完善，安全保证体系和监督体系是否健全，运行是否正常；预防安全事故的措施是否得当；必要的安全投入是否得到保证；安全文明施工是否得到落实；各施工项目工作面存在的安全隐患是否得到及时、妥善的处理。检查应使用检查表，发现的隐患和管理漏洞用“安全生产监督通知书”通知各有关单位，要求限期整改。整改结果经监理单位验收签字后，报项目法人单位安全监督部门。

项目 4

爆破工程施工

爆破是利用炸药在空气、水、土石介质或物体中爆炸所产生的压缩、松动、破坏、抛掷及杀伤作用，达到预期目的的一门技术。该技术研究的范围包括：炸药、火具的性质和使用方法，装药（药包）在各种介质中的爆炸作用，装药对目标的接触爆破和非接触爆破，各类爆破作业的组织与实施。20 世纪 80 年代中期以后，随着爆破技术的快速发展，进一步地研究了炸药的爆轰机理和介质破坏机理，炸药对各类结构物的爆炸作用，以不断提高爆破效果；根据工程条件，研究建立各种数学模型，运用电子计算机计算爆破参数，逐步实现优化方案设计；研究实施爆破中提高炸药能量的有效利用率，最大限度地减弱其危害作用；研究将微电子技术用于爆破技术，满足实时和延期爆破的要求，以获取最佳效果；研究核爆破在工程保障中的应用。

任务 4.1　爆破工程的应用

工程爆破作为一门实用于能源开采、矿山、城市建设、水利工程建设以及交通建设中的技术性科学，在国民经济发展中起着重要的作用，为社会建设作出了很大的贡献，在国民经济中取得良好的效益。工程爆破的进展主要在于逐渐广泛地应用在国民经济中任何适用的各经济部门。各种爆破技术不断地趋于完善，各种科学、高效、安全的工业型炸药和起爆材料不断地涌现，与其爆破发展基础理论和技术的进行较好形成一个理论实践的系统。在这样一个不断总结和实践的过程中，安全测量技术、岩石可爆性与数学模型建立、优化爆破设计等都取得了明显的进步，为生产实践指导、安全规范法则的制定和实施、新一辈爆破人才的培养打下了良好的基础，也为我国的爆破技术的进一步发展建立了良好的平台。

4.1.1　我国工程爆破的发展现状分析

4.1.1.1　硐室爆破技术

硐室爆破是将大量炸药装入专门开凿的硐室或巷道中进行爆破的方法。在大量的爆破实践中得出一个证明：硐室爆破在众多的爆破技术中是一种投资少、速度快且具有高效率的爆破施工技术。在我国绝大部分地形地质情况较为复杂的山区，硐室爆破技术已经较为广泛地被使用到石方开采等工程中。在 20 世纪 60 年代，研究爆破技术的工作者们通过大量的工作实践，丰富了大规模爆破技术的理论，进一步完善和发展了设计参数，并建立了一套完整的爆破计算公式模型，将我国的硐室爆破技术推入第二个发展阶段。

标志着硐室爆破技术步入第三个发展阶段的是条形药包包装药设计。硐室爆破虽然无需大数量的机械设备，且具有作业集中实施时间少的特点，但是用于爆破的装药量很大，需要很好的控制爆破给周边地区带来的影响。进行爆破的设计精密度日渐提高，其适用范围和装药量的多少也会受到各种因素的限制。

平面药包和条形药包二者相结合的设计方式和施工方案已经普遍应用到硐室爆破中，且应用范围正在不断地扩大，规模逐渐变大。特别是成功应用分段微差起爆技术，使得抛距增大、抛掷率提高及爆破震动效应的降低都取得了很好的效果。

4.1.1.2 中深孔爆破技术和预裂爆破技术

在露天矿山、地下矿山、公路、铁路交通建设、大型水电水利等工程建设中，中深孔爆破技术在其开挖基坑或者是工业场地平整中得到非常广泛的运用。深孔爆破技术在矿山工程中已经取得丰富的发展，主要的有微差爆破、光面爆破以及挤压爆破和预裂爆破等各项实用的爆破技术。

4.1.1.3 拆除爆破技术

拆除爆破技术其本身具有速度快、成本低、安全性能较好的特点。当前在国内使用得较为多的主要方法有水压式爆破技术、外部爆破技术、炮孔式爆破技术、静态爆破和外部爆破技术、静态牵引技术等。前面 3 种技术是根据炸药的不同品种选用实施爆破拆除，后面 2 种是根据静态失稳原理等实施爆破作业的。港湾航道以及疏浚炸礁、水库工程岩塞爆破、淤泥沙土等都需要用到水下爆破拆除爆破技术。

4.1.2 我国工程爆破取得的新进展

从整体大局上来看，爆破科技应该向着安全高效、精细准确、快捷环保，集科学化数字化和系统化为一体的方向发展。

4.1.2.1 软岩爆破技术和高温岩爆破技术取得一定的发展

密度较低、威力较小、爆破速度较低的炸药给软岩爆破效果提供了良好的工具。在针对不同情况的软弱岩矿中，可以根据不同的实际情况选择不同密度和不同爆破速度的炸药。这样可以让装填炸药柱到达岩石顶部，同时又避免了炸药量过于集中在炮孔底部，进而产生超出距离的抛掷问题。

4.1.2.2 用于油气田勘探与开发中的特殊爆破技术

近些年来，国外对于油气地震勘探与油气开发的特殊爆破技术取得不小的发展。比如，利用小型高能震源器对三维地震进行勘探，可以使得地震勘探质量及安全系数大为提高，且较好的降低了成本使用费用。将井下套管爆破补贴及整形等特殊的爆破技术应用到井下中，可以较好地解决传统爆破过程中出现的难题，弥补常规方式中的不足。此外，在稠油地质层中，低渗透高致密地质层中开发出了射孔爆破技术。

4.1.2.3 城市拆除爆破

城市建设中使用的拆除爆破是一项重要技术，尤其对于高度较大的高耸建筑物实施的定向爆破拆除技术，我国在超长孔预裂爆破、孔内分段装药爆破、炸药加工及微型爆破等诸多方面都取得了明显的进展。爆破检测仪目前正朝着微型化、多功能化以及自动化等方向逐步发展。

4.1.3 爆破工程特点

(1) 爆破为特殊行业，对安全要求高，属于高风险作业。

(2) 爆破工程实行分级管理。

(3) 专门人才管理。爆破作业人员四大员即爆破员、安全员、保管员、押送员需持证上岗。

(4) 严格的施工程序。施工需按《爆破安全规程》(GB 6722—2014) 执行。

4.1.4 爆破分类

4.1.4.1 工程爆破基本分类

现代工程爆破可分为岩土爆破、拆除爆破、地震勘探爆破、油气井燃烧爆破、爆炸加工、高温爆破、水下爆破、其他特种爆破、医用微型爆破等，见图 4.1。其中，岩土爆破应用较广泛，本书主要介绍岩土爆破技术分类。

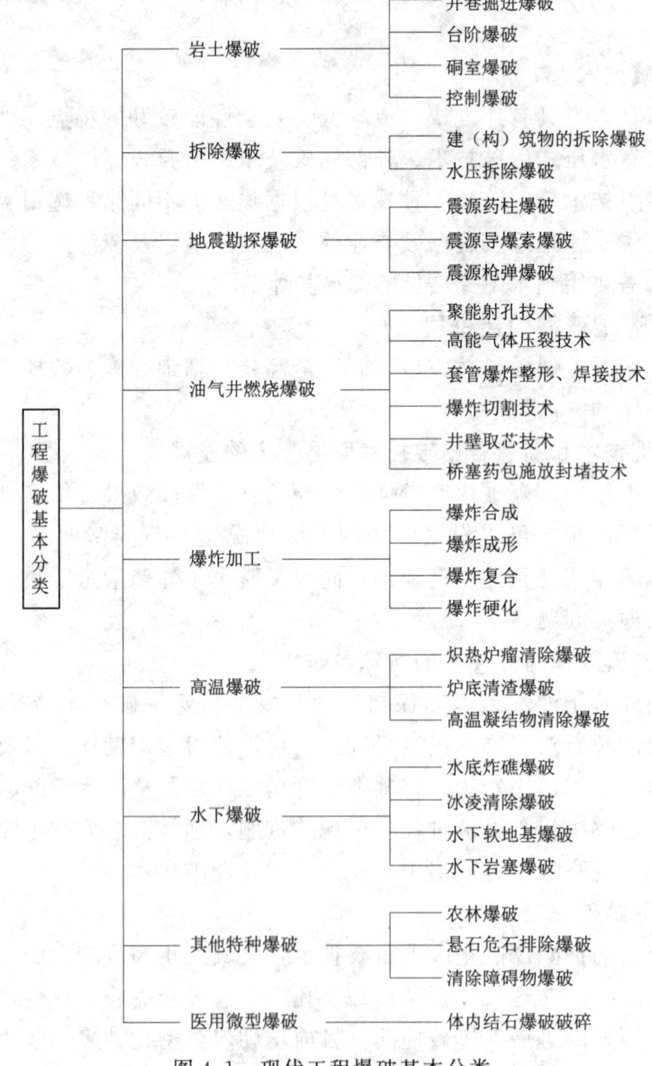

图 4.1 现代工程爆破基本分类

定向爆破：使爆破后土石方碎块按预定的方向飞散、抛掷和堆积，或者使被爆破的建筑物按设计方向倒塌和堆积，都属于定向爆破范畴。技术关键是要准确地控制爆破时所要破坏的范围以及抛掷和堆积的方向与位置，有时还要求堆积成待建构筑物的雏形（如定向爆破筑坝），以便大大减少工程费用和加快建设进度。

预裂爆破、光面爆破：光面、预裂爆破的目的在于爆破后获得光洁的岩面，以保护围岩不受到破坏。二者的不同之处在于，预裂爆破是要在完整的岩体内，在爆破开挖前施行预先的爆破，使沿着开挖部分和不需要开挖的保留部分的分界线裂开一道缝隙，用以隔断爆破作用对保留岩石的破坏，并在工程完毕后出现新的光滑面。

毫秒爆破：巧妙地安排各炮孔起爆次序与合理时差的爆破技术，正确地应用毫秒爆破能减少爆破后出现的大块率，降低地震波、空气冲击波的强度和缩短碎块的飞散距离，得到良好的便于清挖的堆积体。

控制爆破：满足控制爆破的方向、倒塌范围、破坏范围、碎块飞散距离和地震波、空气冲击波等条件。其关键在于控制爆破规模和药包重量的计算与炮孔位置的安排，以及有效的安全防护手段。

聚能爆破：将炸药爆破的能量的一部分按照物理学的聚焦原理聚集在某一点或线上，从而在局部产生超过常规爆破的能量，击穿或切断需要加工的工作对象以完成工程任务。该技术的使用比一般的工程爆破要求严格，必须按一定的几何形状设计和加工聚能穴的外壳，并且要使用高威力的炸药。

其他特殊条件下的爆破技术可应用于以下场景：如森林灭火、油井灭火、抢堵洪水和泥石流等；或疏通被冰凌或木材堵塞的河道，水底炸礁或清除沉积的障碍物，处理软土地基或液化地基，切除桩头、水下压缩淤泥地基，排除悬石危石以及排除烧结块或炉瘤等。

4.1.4.2 按药包形式分类

集中：爆炸作用以均匀的分布状态作用到周围的介质上，长方体的最长边不超过最短边的 8 倍。

延长：真正起延长爆破作用的药包，其长度要大于 17～18 倍药包直径。延长药包的爆轰波是柱状形式。

平面：爆炸作用只是在介质接触药包的表面，产生的爆轰波应看作平面波，在硐室爆破中，是以等效作用的集中或条形药包按一定间距布置成一个装药平面。

异形：将炸药做成特定形状的药包，用以达到某种特定的爆破作用。

4.1.4.3 按装药方式与装药空间形状的不同分类

药室法：施工机具比较简单，不受地理和气候条件的限制，工程数量越大，越能显示出高工效。

药壶法：在普通炮孔的底部，装入小量炸药进行不堵塞的爆破，使孔底逐步扩大成圆柱形，以求达到装入较多药量的爆破方法。药壶法属于集中药包类，适用于中等硬度的岩石爆破，能在工程数量不大、钻孔机具不足的施工条件下，以较少的炮孔爆破，获得较多的土石方量。

炮孔法：把孔深大于 5m、孔径大于 75mm 的炮孔称为深孔爆破，反之称为浅孔爆破或炮眼法爆破。从装药结构看，这是属于延长药包一类。

裸露药包法：将炸药敷设在被爆破物体表面并加简单覆盖即可。

任务 4.2 常见爆破问题的解决

4.2.1 瞎炮（拒爆）

4.2.1.1 现象

爆破工程点火或通电引爆炸药后，药包出现不爆炸的现象。

4.2.1.2 原因分析

（1）爆破器材制造有毛病。例如：火雷管中加强帽装反，容易产生半爆；或制造导火索时药芯细、断药，油类或沥青浸入药芯，均会造成断火现象，产生瞎炮。又如导火索燃速不稳定，易出现后点火的先爆，致使打断或拉出先点火的导火索而产生瞎炮。再如：电雷管制造中引火剂和桥线接触不良，致使雷管不能发火；延期雷管中由于装配不良，硫黄流入管内，使引火剂与导火索隔离，不能点燃导火索等。

（2）保管方法不当，或储存期限过长，致使雷管、导火索、导爆索或炸药过期，受潮变质失效。

（3）水眼装药，在水中或潮湿环境下爆破，炸药包未采取防水或防潮措施，使炸药浸水、受潮失效。

（4）操作方法不当。装药密度过大，爆药的敏感度不够，或雷管导火索连接不牢，装药时将导火索拉出；点火时忙乱，将点炮次序弄错或漏点；导火索切取长短不一致，难以控制起爆顺序，使后爆提前，而产生“带炮”。

（5）电爆网路敷设质量差，连接方法错误，漏接、连接不牢、输电线或接触电阻太大；线路绝缘不好，产生输电线或接地局部漏电、短路；操作不慎，个别雷管脚线未接上，装填不慎折断脚线；或导火索、导爆索、电爆线路损伤、折断。

（6）在炮孔装药或回填堵塞过程中，损坏了起爆线路，造成断路、短路或接地，炸药与雷管分离未被发现。

（7）起爆网路设计不正确，电容量不够，电源不可靠，起爆电流不足或电压不稳；网路计算有错误，每组支线的电阻不平衡，其中一支路未达到所需的最小起爆电流。

（8）在同一网路中采用了不同厂、不同批、不同品种的雷管，电阻差过大，由于雷管敏感度不一，造成部分拒爆。

（9）炮孔穿过很湿的岩层，或岩石内部有较大的裂隙，药包和雷管受潮或引爆后漏爆。

4.2.1.3 预防措施

（1）雷管、导火索、导爆索和炸药使用前，要进行严格认真的质量检查，精心进行测定，过期、受潮和质量不合格的应予以报废处理。

（2）在水眼、水中和潮湿环境中爆破，应采取防水、防潮措施。如使用防水雷管和炸药，或用防水材料包扎炸药，避免浸水和受潮。

（3）改善保管条件。库房内相对湿度应保持在70％以下；不同类型、不同厂家产品应分类堆放、分批使用，防止受潮和混用。

(4) 改善加工操作技术。导火索与雷管必须使用雷管钳连接牢固；切割导火索的刀必须锋利，避免切割不齐或有碎棉纱堵住喷火孔；装炮应先装干孔、后装湿孔；装药密度应控制在最优密度范围内，不使过于密实。

(5) 起爆网路施工必须认真按操作规程进行，细致操作。避免漏接、捣断脚线；爆破前要严格检查爆破线路敷设质量，逐段检测网路电阻是否平衡、网路是否完好、电流电压是否符合设计要求、有无漏电现象。如发现异常情况，在查明原因、排除故障后，方可起爆。

(6) 雷管和炸药包要适当保护，防止导线损伤、折断，在炮孔装药或回填堵塞中要细致操作，防止损坏线脚、电爆网路和使雷管与炸药分离，并加强检查。

(7) 在同一电爆网路中避免使用不同厂、不同批、不同品种的雷管、导火索、导爆索。在同一条串联线路中，不同时段的电雷管不能使用同一批时，必须同厂，且桥线材料必须相同。

(8) 爆破线路适当提高电流强度，一般将串联电路的电流提高到 4A 以上，用以克服因敏感雷管先爆而造成的拒爆。经常检查插销、开关、线路接头，以防损坏。

(9) 点火应做到不错不漏。

(10) 炮孔穿过潮湿岩层或较大裂隙时，要做防水和防漏气处理。

4.2.1.4 治理方法

(1) 瞎炮如系由开炮孔外的电线、电阻、导火索或电爆网路不合要求造成，经检查可燃性和导电性能完好，纠正后，可以重新接线起爆。

(2) 当炮孔不深（在 50cm 以内）时，可用裸露爆破法炸毁；当炮孔较深（在 50cm 以上）时，可在距炮孔近旁的一定距离处，钻（打）一与原炮孔平行的新炮孔，再重新装药起爆，将原瞎炮销毁。钻平行炮孔时应将瞎炮的堵塞物掏出，插入一木桩作为钻（打）孔的导向标志。

(3) 当打孔困难时，亦可将盐水注入炮孔，使炸药雷管失效，再用高压水冲掉炸药，重新装药引爆。

(4) 对于较深炮孔亦可采用聚能诱爆法，用聚能装药，取铵梯炸药一管，圆锥高 h 与底径 d 的比值为 1.5～2.0 的聚能药卷一个，以提高诱爆度及穿透介质的力量，装入瞎炮孔内爆炸，它能在 50cm 长的炮泥（堵塞物）之外诱爆其中的瞎炮。

(5) 在处理瞎炮时，严禁把带有雷管的药包从炮孔内拉出来，或者拉动电雷管上的导火索或雷管脚线，把电雷管从药包内拔出来，或掏动药包内的雷管。

4.2.2 早爆

4.2.2.1 现象

点火或通电引爆炸药时，出现有的药包比预定时间提前爆炸的现象。

4.2.2.2 原因分析

(1) 导火索燃速不稳定，或采用了不同燃速的导火索，燃速快的就早爆。

(2) 不同厂家生产的电雷管混用，易点燃的雷管先爆。

(3) 电爆网中雷管分组不均，易引起电流分配不均，雷管数少的组因电流充足而先爆。

(4) 爆破区存在杂散电流、静电、感应电或高频电磁波等，引起电雷管早爆。

4.2.2.3 防治措施

（1）选择燃速稳定的导火索进行爆破。

（2）同一电爆网中选用同厂、同批、同品种的电雷管。

（3）电爆网设计尽量使电雷管分组均匀，使各组电流强度基本一致。

（4）用电设备较复杂的场所，应对爆破范围的杂散电流进行检测，有可能引起早爆的改用导爆索、火雷管起爆。

4.2.3 冲天炮

4.2.3.1 现象

爆破时，爆破气体从炮孔中冲出，使爆破失效，被爆破体不出现开裂和解体的现象。

4.2.3.2 原因分析

（1）采用堵塞材料不合适，使用了光滑、不易于密实和易漏气的堵塞材料。

（2）炮孔堵塞长度不够，使爆炸气体从孔口冲出。

（3）装药密度不够；或孔壁上裂缝较多，造成漏气。

（4）炮孔方向与临空面垂直形成“旱地拔葱”。

4.3.3.3 防治措施

（1）堵塞材料应选用内摩擦力较大、易于密实、不漏气的材料。一般用黏土及砂加水拌和而成，采用比例为 1∶3～1∶2，水用量为 15%～20%。

（2）炮孔堵塞应保证足够的堵塞长度，一般应大于抵抗线长的 10%～20%。

（3）提高堵塞质量，堵塞时，堵塞物之间必须密实，防止空段。一般当药卷装到规定的位置后，应先用炮棍把填塞物轻轻推入药孔，使填塞物与药卷充分接触，然后逐段装入填塞物，装一段捣一段。起初用力轻，以后逐渐加力，接近孔口时用力捣实。

（4）分层装药时，填塞物仅起固定药卷位置的作用，一般不需要密实。当两层药卷之间孔壁上裂缝较多时，为防止爆炸气体逸散过多，其间的填塞层应压实。分层装药的药卷之间最好用砂泥条或钻孔粉屑填充，上层药卷至孔口之间必须填塞密实。

（5）炮孔方向尽量使与临空面平行或与水平临空面成 45°角，与垂直临空面成 30°角。

4.2.4 起爆过线

4.2.4.1 现象

岩土和建筑物拆除爆破，破碎面出现超过要求爆破界线的现象。

4.2.4.2 原因分析

（1）未按边线或拆除控制爆破方法布孔和装药；

（2）一次爆破用药量过大，超出了预定爆破作用范围。

4.2.4.3 防治措施

（1）在边线部位采取密孔法、护层法和拆除控制爆破方法进行布孔；

（2）控制一次起爆炸药用量，采取较密布孔、较少装药、依次起爆的方法，使爆裂面板规则整齐地出现在预定设计位置。

4.2.5 煤渣块过大

4.2.5.1 现象

被爆破碎的岩石或建（构）筑物爆渣块度过大，清理困难，需进行二次爆破破碎处理。

4.2.5.2 原因分析

（1）炮孔间距过大，临空面太少，抵抗线长度过长，致使各炮孔单独向的自由面爆成漏斗，留下未爆破的硬块，而使爆落的爆渣块过大。

（2）炸药用量过小，破碎力度不够，不能使被爆破体都粉碎成碎块，而使部分爆渣过大。

（3）采用集中药包爆破，各部分受力不匀，位爆渣块度大小不匀，产生部分大块。

（4）在长条形爆破体上进行单排布孔，炮孔过小时，爆炸能主要消耗于相邻炮孔间的破裂，从而减弱了向自由面方向推移介质的能量，亦会产生爆渣过大的现象。

4.2.5.3 预防措施

（1）按破碎块度要求，设计和布置炮孔：选取适当的临空面和抵抗线长度。

（2）合理装药，炸药用量根据计算并通过试爆确定。

（3）尽可能采用延长药包，分散布孔，少装药，使爆渣大小均匀。

（4）在长条形爆破体上进行单排布孔，炮孔间距宜取 1.0～1.5 倍抵抗线长度。

4.2.5.4 治理方法

将大块爆渣根据破碎块度要求钻孔、装药，或采取裸露爆破法进行二次破碎解体，使其达到要求的块度。

4.2.6 爆面不规整

4.2.6.1 现象

爆破后要求爆裂面规整的岩坡、台阶或拆除爆破的切割面，出现凹凸不平或在两端头的转角形成缺角等缺陷。

4.2.6.2 原因分析

（1）在爆裂或切割面部位未采取多布孔、少装药或间隔装药的控制爆破方法进行施爆。

（2）炮孔未沿设计爆裂面顶线（即切割线）布置，钻孔深浅不一，相互不平行，左右前后偏离过大。

（3）切割面上未设导向空孔（不装药），或虽设导向空孔，但未达到破裂切割深度。

（4）炮孔采取密装装药（即耦合装药）方式，使爆轰压力过大，而损坏爆裂面。

4.2.6.3 防治措施

（1）对要求切割面规整的爆破，宜采取控制爆破方法，多钻孔，少装药或间隔装药；或采用护层法施爆。其基本点是：创造较多的临空面，采取较密的布孔，群炮齐爆，或依次起爆，使裂缝沿着炮孔连线裂开，形成比较整齐的爆裂面。

（2）炮孔应沿设计爆裂面顶线布置，炮孔做到深浅一致、相互平行，使爆轰力基本均匀，不使前后偏离过大。

（3）在爆破或切割面两端设导向空孔，并使其深度与爆破、切割深度一致。

（4）靠爆裂、切割面炮孔采取非密装装药（即不耦合装药）方式，以减弱爆轰力和爆破振动，保护爆裂面尽量少受损伤。

4.2.7 爆破振动过大

4.2.7.1 现象

爆破时，振动强度过大，造成邻近建（构）筑物不同程度的损坏、仪器失灵，或对人体造成伤害。

4.2.7.2 原因分析

(1) 采用了爆速高、猛度大、冲击作用强的炸药，作用于爆破体上的炮轰压力大，因而使爆破振动过大。

(2) 在控制爆破中，采用了密装装药方式，爆炸能量大，易使介质粉碎，振动亦相应加大。

(3) 爆炸一次装药量过大，使爆破振动强度（爆速）超过允许界限。

4.2.7.3 防治措施

(1) 选择适当的爆破能源，如在控制爆破中选用低爆速炸药或燃烧剂，以削弱地震波、冲击波的作用。

(2) 采用适当的装药方式，如在控制爆破中，采取分散装药，降低爆破振动强度；或采取装药与孔壁间预留一定环形空隙的装药方式，可缓冲和削弱爆破对介质的冲击作用，因而可降低振动程度。

(3) 控制爆破振动强度。一般多以垂直振速来衡量爆破振动强度，并作为划分破坏程度的指标。对应各种影响程度的爆破振速限值参考资料见表4.1；根据大量实测资料统计，建筑物、构筑物地面质点爆破振动速度允许临界值参考资料见表4.2。

表4.1　对应各种影响程度的爆破振速限值参考资料　单位：mm/s

级别	建筑物和岩土破坏状况	振速
6	建筑物安全	≤50
7	房屋墙壁抹灰有开裂、掉落	60～120
8	一般房屋受到破坏；斜坡陡岩上的大石滚落，地表面出现细小裂缝	120～200
9	建筑物受到严重破坏；松软的岩石表面出现裂缝，干砌片石移动	200～500
10～12	建筑物全部破坏，岩石崩裂，地形有明显的变化	1500

表4.2　建筑物、构筑物地面质点爆破振动速度允许临界值参考资料　单位：mm/s

项次	建筑物和构筑物类别	振速临界值
1	安装有电子仪器设备的建筑物	≤35
2	土质边坡	≤50
3	质量差的古、旧房屋	50～70
4	质量较好的砖石建筑物	100～120
5	坚固的混凝土建筑物、构筑物	≤200

(4) 控制和减少一次齐爆的最大用药量来降低爆破能量，或采用分段微差控制爆破予以减振。为保护邻近建筑物不受爆破振动的损害，在控制爆破中，一次起爆允许用药量，可按下式计算：

$$Q=R^{3}(v/K)3/a$$

式中　Q——一次起爆允许的总药量，kg；

R——爆破中心点至被保护建筑物之间的距离，m；

v——被保护物地基允许振动速度，cm/s，一般取 $v \leqslant 5$cm/s；

K——与传播地震波的介质等条件有关的系数，当介质为基岩时，$K=30 \sim 70$，平均值 $K=50$，当介质为土质时，$K=150 \sim 250$，平均值 $K=200$。

a——爆破振动（地震波）随距离衰减系数，远距 $a=1.0 \sim 2.0$，近距 $a=2.0$，平均值 $a=1.67$。

(5) 增大爆破作用指数 n 值，使爆炸能量中一大部分形成空气冲击波，从而使转化为地震波的能量相对减少，地震强度亦随之降低。

(6) 合理设计起爆顺序，采取多段分次顺序起爆，使每段时间间隔在 20ms 以上，使每次爆炸的地震波不重叠，形成独立作用的波，因而可大大降低地震强度。

(7) 在建（构）筑物周围设置减震沟，深度大于或等于基础深度，可起一定的减震作用。

4.2.8 爆破体失控

4.2.8.1 现象

控制爆破中，被爆破体未按预定设计解体，破碎或散架，甚至将保留部分破坏。

4.2.8.2 原因分析

(1) 爆破设计不合理，未按结构特点、爆破范围、倒塌方向、解体破碎要求等确定爆破部位、爆破工艺、技术参数、单个构件的装药用量、装药方式及起爆次序等，致使爆破失去控制，不能按预定设计解体、破碎或散架；

(2) 用药量过小，不能使被爆破结构自行解体、破碎，或爆破后材料不能离散原位；

(3) 对高大整体建筑物，当要求部分炸塌、部分保留时，未先留出隔离带，致使保留部分炸坏；

(4) 要求整体塌落解体破碎的建筑物，未彻底爆破底层的支撑结构（柱、梁及承重墙），以致爆破后不能使其散离原位，利用屋架自重，使整个结构塌落散架。

4.2.8.3 防治措施

(1) 精心合理地进行爆破设计，应根据爆破目标的类型、结构特点、要求爆破的范围（部位）、倒塌方向、塌落方式、要求解体破碎程度等，确定爆破部位、爆破参数、单个构件的装药用量、装药方式及起爆次序等，精心操作，使其按预定设计解体破碎或散架。

(2) 确定合理的单位用药量系数。用药量应根据计算并通过试验确定，合理分配药量，确保充分起爆，以达到预定解体破碎或散架的要求。

(3) 对要求部分炸塌、部分保留的建筑物，应先在分界处，用人工清出宽度大于 1m 的隔离带，或先在保留面附近部位进行预裂爆破，以确保爆破不致损坏保留部分。

(4) 对要求整体塌落解体、破碎的建筑物，应先将底层的支撑柱、梁及承重墙结构炸毁，使爆破建筑自动塌落解体，其爆破碎块散离原位。

4.2.9 未定向倒塌（塌落）

4.2.9.1 现象

烟囱、框架等结构控制爆破后，未按要求定向倒塌（塌落）或原地倒塌。

4.2.9.2 原因分析

(1) 爆裂口未设置在要求倒塌方向，或设置长度不够，或未先炸毁主要支撑部分，使爆破的构筑物不能按预定方向倒塌（塌落）。

（2）炸药用量不够，不能使爆破后材料散离原位、爆裂口以上部位靠自重塌落。

（3）先后起爆顺序不当，不能有效地控制倒塌（塌落）方向。

4.2.9.3　防治措施

（1）烟囱、框架爆破应先在烟囱底部及柱根部先炸出爆裂口（切口），割裂上部结构与基础的联系，促使爆裂口以上部分自行坍落。当烟囱要求定向倒塌时，爆裂口应取在要求倒塌方向，其长度不小于目标周长的一半；当要求原地倒塌时，爆裂口应取目标周长。

（2）要求原地倒塌时，可炸断底层全部承重柱墙，利用上部自重倒塌。

（3）确定合理的起爆顺序，采用毫秒雷管分段逐次起爆，保证爆破的建（构）筑物按预定方向倒塌。

4.2.10　边坡失稳

4.2.10.1　现象

爆破后，边坡出现裂缝、松动、滑移等现象，严重影响边坡的稳定性。

4.2.10.2　原因分析

（1）未充分考虑爆破体的地质条件，采用了不当的爆破技术参数，如过大的爆破作用指数，造成边坡超爆、开裂、松动。

（2）采用了过大的爆破岩土单位体积消耗量系数 g 值，使一次爆破药量过大，扩大了爆破作用范围。

（3）没有预留足够的边坡保护层厚度，将边坡面破坏。

（4）不适合采用竖井、大爆破的地区，采用了大爆破，使边坡受扰动，给边坡稳定带来严重损坏。

（5）开坡放炮将边角松动破坏，或在坡脚坡面形成爆破漏斗坑，破坏了边坡土体的内力平衡，使上部土体（或岩体）失去稳定。

（6）边坡部位岩土体本身存在倾向相近、层理发达、风化破碎严重的软弱夹层或裂隙，内部夹有软泥；或岩层中央有易滑动的岩层；或存在老滑坡体、岩堆体，受爆破振动，使边坡松动、位移失稳。

4.2.10.3　预防措施

（1）爆破设计时，应在邻近最终边坡的爆破区考虑预留一定厚度的边坡保护层，使边坡处于爆破压碎圈半径范围以外。

（2）根据地质条件，通过计算选择用药量和适宜的药包布置方式，以及相应的爆破参数；对不良地质、地段避免采用影响边坡稳定的爆破方法，如大爆破法、硐室法爆破等。

（3）为减轻爆破对边坡的振动，应尽量采用分段延时起爆。

（4）为避免药包过于集中，应尽量采用分集药包或条形药包布置形式。

（5）爆破时应防止松动坡脚，或在坡脚或坡面开成爆破漏斗坑。

（6）在边坡部位采用预裂爆破。其方法是沿边坡线钻一排较深密孔，装少量炸药，在靠近边坡的药包未起爆前预先起爆，形成一道沿炮孔连续的裂缝面，从而隔断或减轻靠近边坡药包爆破时对边坡的振动或破坏。边坡预裂孔径以 80～150mm 为宜，有关参数见表 4.3，必要时应由试验确定。

表 4.3 预裂爆破参数

孔径/mm	炸药种类	预裂孔间距/m	装药量/(kg·m^{-1})
50	2 号岩石或铵油炸药	0.5～0.8	0.20～0.35
80	2 号岩石或铵油炸药	0.6～1.0	0.25～0.50
100	2 号岩石或铵油炸药	0.7～1.2	0.30～0.70

4.2.10.4 治理方法

(1) 对坡脚松动可用设挡土墙与岩石锚杆，或挡土板、柱与土层锚杆相结合的办法来整治。锚桩、锚杆均应设在边坡松动层以外的稳定岩（土）层内。

(2) 对坡面因振动出现较大的裂隙，可用砌石或砂浆封闭；对裂缝的悬石采用岩石锚杆与稳定岩层拉结。

(3) 加坡面局部出现凹坑，岩石边坡可用浆砌块石填砌；土坡用 3∶7 灰土夯补；与原岩土坡接触部位应做成台阶接槎，牢固结合。

4.2.11 地基产生过大裂隙

4.2.11.1 现象

爆破后，地基受挤压、振动产生过大的裂隙，降低地基的抗渗性和承载能力。

4.2.11.2 原因分析

(1) 爆破时，基底以上未预留保护层，基底处于爆破压碎圈范围内，使地基受到扰动破坏，出现大量裂隙。

(2) 爆破用药量过大，使地基受过大爆轰力，造成松动，出现较多过大的裂隙。

(3) 地基本身存在很多裂隙，受爆破振动后使裂隙加剧扩大。

4.2.11.3 预防措施

(1) 爆破时，基底以上应预留一定厚度的保护层，使基底处于爆破压碎圈半径范围以外。

(2) 根据地质情况，通过计算恰当地选择用药量和各项爆破工艺参数，使炮轰力和爆破振动不过大，以避免地基受到较大扰动而出现裂隙。

(3) 对本身存在较多裂隙的地基，避免采用大爆破方法松动土石方开挖基坑。

4.2.11.4 治理方法

对有抗渗漏要求的地基，较大裂隙用砂浆或细石混凝土填补；较小裂隙采用水泥压力灌浆处理；对无抗渗要求的地基，清除松散碎块后，用混凝土垫层找平即可；对原土地基清除松土后，用 3∶7 灰土夯实找平。

4.2.12 邻近建筑物裂缝

4.2.12.1 现象

爆破后，邻近建筑物出现各种程度不同的裂缝。

4.2.12.2 原因分析

(1) 爆破单位用药量过大，产生巨大的地震波、冲击波，造成建筑物裂缝。

(2) 装药结构不合理，布孔少而集中，同时采用密装装药方式，使爆轰能量大、振动大。

(3) 一次装药量大，未采取分段、分次微差起爆，使爆破振动强度超过建筑物的允许界限。

4.2.12.3 防治措施

其防治措施同“爆破振动过大”的防治措施。

爆破工程外形尺寸的允许偏差及检验方法见表4.4。

表4.4 爆破工程外形尺寸的允许偏差及检验方法

项次	项目	允许偏差/mm			检验方法
		柱基、基坑、基槽、管沟	场地平整	水下爆破	
1	标高	−200	+100 −300	−400	用水准仪检查
2	长度、宽度 (由设计中心线向两边量)	+200	+400 −100	+1000	用经纬仪、拉线和尺量检查
3	边坡坡度	−0	−0	−0	观察或用坡度尺检查

注 1. 柱基、基坑、基槽、管沟和水下爆破应将炸松的石渣清除后检查。场地平整应在整理完毕后检查。
2. 项次3的偏差系指边坡坡度不应偏陡。
3. 检查数量。标高：柱基抽查总数的10%，但不少于5个，每个不少于2点；基坑每$20m^2$取1点，每坑不少于2点：基槽、管沟每20m取1点，但不少于5点；场地平整每100～$400m^2$取1点，但不少于10点。长度、宽度和边坡坡度均为每20m取1点，每边不少于1点。

项目 5

基础工程施工

水工建筑物的基础，按照地层的性质可以分为两大类型：①岩基；②软基（包括土基和砂砾石基）。

1. 基础的基本要求

(1) 具有足够的强度，能够承担上部结构传递的应力。

(2) 具有足够的整体性和均一性，能够防止基础的滑动和不均匀沉陷。

(3) 具有足够的抗渗性，以免发生严重的渗漏和渗透破坏。

(4) 具有足够的耐久性，以防在地下水长期作用下发生侵蚀破坏。

2. 开挖处理

开挖处理是将不合要求的覆盖层、风化破碎有缺陷的岩层挖掉。

3. 开挖处理注意的问题

(1) 及时排除基坑渗水、积水和地表水，确保开挖工作在不受水的干扰下进行。

(2) 合理安排开挖程序，保证施工安全。

(3) 通盘规划运输线路，组织好出渣运输工作。

(4) 正确选择开挖方法，保证坝基开挖的质量。

(5) 合理组织弃渣的堆放，充分利用开挖的土石方。

任务 5.1 基岩灌浆

5.1.1 岩基灌浆

岩基灌浆是提高岩基强度，加强岩基整体性和抗渗性的有效措施。岩基灌浆处理是将某种具有流动性和胶凝性的浆液，按一定的配比要求，通过钻孔用灌浆设备压入岩层的空隙，经过硬化胶结以后，形成结石，以达到改善基岩物理力学性能的目的。

岩基灌浆按目的不同，有固结灌浆、帷幕灌浆和接触灌浆。

岩基灌浆按灌注材料不同，主要有水泥灌浆、水泥黏土灌浆和化学灌浆。

5.1.2 灌浆施工的主要问题

5.1.2.1 钻孔

钻孔方向和钻孔深度是保证帷幕灌浆质量的关键。

5.1.2.2 冲洗

钻孔以后，要将残存在孔底和黏滞在孔壁的岩粉铁末冲出孔外，并将岩层裂隙和孔中的填充物冲洗干净。

冲洗工作通常分为：①钻孔冲洗；②岩层裂隙冲洗。

冲洗方法有高压压水冲洗、高压脉动冲洗和扬水冲洗等。

5.1.2.3 压水实验

压水实验是在一定的压力之下，通过钻孔将水压入孔壁四周的缝隙，根据压水量和压水的时间，计算出代表岩层渗透特性的技术参数。

(1) 代表岩层的渗透特性的参数单位吸水量 ω，就是在单位时间内，通过单位长度试验孔段，在单位水头作用下所压入的水量。其可按下式计算：

$$\omega = Q/LH$$

式中 Q——单位时间内实验孔段的注水总量，L/min；

H——压水实验的计算水头，m；

L——压水实验孔段的长度，m；

ω——单位吸水量，L/(min·m·m)。

(2) 压水实验的主要目的是确定地层的渗透特性，为岩基处理的设计和施工提供技术资料。

5.1.2.4 灌浆

为确保岩基灌浆的质量，应注意以下问题。

(1) 钻孔灌浆次序。

地基灌浆一般按照先固结后帷幕的顺序。

(2) 灌浆方法。

按照灌浆时浆液灌注和流动的特点，灌浆方法有纯压式和循环式两种。

按照钻孔灌浆的顺序，灌浆方法有全孔一次灌浆和分段灌浆两种。

(3) 灌浆压力。

灌浆压力通常是指作用在灌浆段中部的压力，灌浆压力是控制灌浆质量的一个主要指标。由下式来确定：

$$P = P_1 + P_2 \pm P_3$$

式中 P——灌浆压力，Pa；

P_1——灌浆管路中压力表的指示压力，Pa；

P_2——计入地下水水位影响以后的浆液自重压力，按最大的浆液比重进行计算，Pa；

P_3——浆液在管路中流动时的压力损失，Pa。

确定灌浆压力的原则是在不致破坏基础和坝体的前提下，尽可能采用较高的压力。高压灌浆可以使浆液更好地压入缩小缝隙内，增大浆液扩散半径，析出多余的水分，提高灌注材料的密实度。当然，灌浆也不能过高，以致使裂隙扩大，引起岩层或坝体的抬高变形。

(4) 灌浆压力和浆液稠度的控制。

提高灌浆质量的重要因素：合理的灌浆压力和浆液稠度。

灌浆压力的控制基本上有两种方法：一次升压法和分次升压法。

(5) 灌浆的结束条件和封孔。

灌浆的结束条件以两个控制指标来控制：残余吸浆量和吸浆时间。残余吸浆量，又称最终吸浆量，即灌到最后的限定吸浆量；吸浆时间，即在残余吸浆量的条件下保持设计规定压力的延续时间。

(6) 灌浆的质量检查。

5.1.2.5 化学灌浆

化学灌浆是将有机高分子材料配制成的浆液灌入地基或建筑物的裂隙，经胶结固化以后，达到防渗、堵漏、补强、加固的目的。

5.1.3 岩基锚固

5.1.3.1 岩基锚固的定义

岩基锚固是用预应力锚束对岩基施加主动预应力的一种锚固技术，常和建筑物的加固结合起来，以期加固或改善其受力条件。

5.1.3.2 锚固的结构形式

锚固的结构形式很多，但都由锚孔、锚束两部分组成，其中，锚束又由锚头、锚束自由段和锚固段构成。

5.1.4 砂砾地基灌浆

5.1.4.1 砂砾石地基的可灌性

砂砾石地基的可灌性是指砂砾石地层能否接受灌浆材料灌入的一种特性。它是决定灌浆效果的先决条件。

1. 可灌性决定因素

可灌性主要决定于地层的颗粒级配、灌浆材料的细度、灌浆压力和灌浆工艺等因素。

2. 可灌性衡量参数

在工程实践中，常以可灌比来进行衡量：

$$M=D_{15}/d_{85}$$

式中 M——可灌比；

D_{15}——砂砾石地层颗粒级配曲线上含量为15%的粒径，mm；

d_{85}——灌浆材料颗粒级配曲线上含量为85%的粒径，mm。

5.1.4.2 灌浆材料

岩基灌浆多用水泥浆，而砂砾石地基灌浆，以采用水泥黏土浆为好。

5.1.4.3 灌浆方法

砂砾石地层的钻孔灌浆方法有打管灌浆、套管灌浆、循环钻灌、预埋花管灌浆等。

5.1.5 常见灌浆介绍

5.1.5.1 固结灌浆

固结灌浆是为改善节理裂隙发育或有破碎带的岩石的物理力学性能而进行的灌浆工程。岩石地质条件复杂时，一般先进行现场固结灌浆试验，确定技术参数（孔距、排距、孔深、布孔形式、灌浆次序、压力等）。浅层固结灌浆孔多用风钻钻孔；深层孔多用潜孔钻或岩心钻钻孔。平面布孔形式有梅花形、方格形和六角形。排距和最终孔距一般为3～

6m，按逐渐加密方法钻灌。灌浆材料以水泥浆液为主，在岩石节理、裂隙发育地段，吃浆量很大时，常改灌水泥砂浆。灌浆时先从稀浆开始，逐渐变浓，直至达到结束标准。灌浆全部结束后，对固结效果的检查方法有：①钻检查孔进行压水试验和岩心检查；②测定弹性波速与弹性模量；③必要时开挖平洞或竖井直观检查。

其主要作用是：①提高岩体的整体性与均质性；②提高岩体的抗压强度与弹性模量；③减少岩体的变形与不均匀沉陷。

一般来说，对混凝土重力坝，多进行坝基全面积固结灌浆；对混凝土拱坝或重力拱坝，还要对受力较大的坝肩拱座岩体进行固结灌浆；对水工隧洞，常在衬砌后进行岩体固结灌浆。在破碎的岩层中开挖隧洞时，为避免岩体坍塌或集中渗漏，可在开挖前进行一定范围内的斜孔或水平孔超前固结灌浆。在土石坝防渗体底部设置混凝土垫层时，也常对垫层下部岩体进行固结灌浆。为保证灌浆质量，需在岩基表面浇筑混凝土盖板或有一定厚度的混凝土后才进行固结灌浆。

5.1.5.2 帷幕灌浆

帷幕灌浆是在岩石或砂砾石地基中，用深孔灌浆方法建造一道连续防渗幕。20世纪以来，帷幕灌浆一直是水工建筑物地基防渗处理的主要手段，对保证水工建筑物的安全运行起着重要作用。按防渗帷幕的灌浆孔排数，其分为两排孔帷幕和多排孔帷幕。地质条件复杂且水头较高时，多采用3排以上的多排孔帷幕。按灌浆孔底部是否深入相对不透水岩层划分：深入的称封闭式帷幕；不深入的称悬挂式帷幕。

混凝土坝岩基帷幕灌浆都在两岸坝肩平洞和坝体内廊道中进行。土石坝岩基帷幕灌浆，有的先在岩基顶面进行，然后填筑坝体；有的在坝体内或坝基内的廊道中进行，其优点是与坝体填筑互不干扰，竣工后可监测帷幕运行情况，并对帷幕补灌。帷幕灌浆的钻孔灌浆按设计排定的顺序，逐渐加密。两排孔或多排孔帷幕，大都先钻灌下游排，再钻灌上游排，最后钻灌中间排。同一排孔多按3个次序钻灌。灌浆方法均采用全孔分段灌浆法。

灌浆压力是指装在孔口处压力表指示的压力值。岩石帷幕灌浆压力，表层不宜小于1～1.5倍水头，底部宜为2～3倍水头。砂砾石层帷幕灌浆压力尽可能大些，以不引起地面抬动或虽有抬动但不超过允许值为限。一般情况，灌浆孔下部比上部的压力大，后序孔比前序孔压力大，中排孔比边排孔压力大，以保证幕体灌注密实。灌浆开始后，一般采用一次升压法，即将压力尽快升到设计压力值。当地基透水性较大、灌入浆量很多时，为限制浆液扩散范围，可采用由低到高的分级升压法。

在幕体中钻设检查孔进行压水试验是检查帷幕灌浆质量的主要手段，质量不合格的孔段要进行补灌，直至达到设计的防渗标准。

帷幕灌浆的一个应用实例就是三峡工程。由于三峡水库蓄水位高程为175m，强大的水压可能使水穿过基岩深层裂隙而产生渗漏。为防止这种情况发生，施工人员沿着坝轴线打深孔再用高压把浆液灌注到基岩深处的裂隙中，这些浆液在岩石深处连成一体，形成一道完整的挡水帷幕，所以称作帷幕灌浆。

三峡大坝基岩体主要为微新（花岗）岩体，一般透水性微弱，局部透水性较强。为了有效控制坝基渗漏、降低坝基扬压力、减小坝基渗透水量、增强基岩构造结构面内软弱充填物质的长期渗透稳定性，在大坝坝基、通航建筑物上闸首、山体连接段及两岸坝肩均布置有一定深度的灌浆孔，并在挡水前缘形成一道连续的防渗灌浆帷幕，全长约3950m，钻孔进尺33.6万m。三峡工程帷幕灌浆钻孔最大深度超过100m，钻孔口直径为56～76mm，灌浆压力为5.0～6.0MPa。

5.1.5.3 接触灌浆

接触灌浆是在岩石上或钢板结构物四周浇筑混凝土时，混凝土干缩后，对混凝土与岩石或钢板之间形成缝隙的灌浆。其主要作用是填充缝隙，增加锚着力和加强接触面间的密实性，防止漏水。在岩石地基上建造混凝土坝，当混凝土体积收缩后，两者之间会产生缝隙，对于这类缝隙需要进行接触灌浆。在岩石比较平缓部位，接触灌浆常与岩石中的帷幕灌浆结合进行，将坝体混凝土与岩石的接触部位，作为一个灌浆段，段长不超过2m，单独进行灌浆。在坝肩岩石边坡陡于45°的部位，接触灌浆的设计和灌浆方法与接缝灌浆类似，采用预埋灌浆盒或其他方法，也有的采用浇筑混凝土后再钻孔的方法，主要是需在接触部位形成出浆点或出浆线，也设有进浆管、回浆管、排气管。待混凝土达到设计规定的温度后，即进行灌浆。在钢管或钢板结构物周围浇筑混凝土，当混凝土体积收缩后，两者间同样地会产生缝隙，对此缝隙也要进行灌浆。

其施工程序为：

(1) 在钢板上锤击检查，画出脱空区。

(2) 视脱空区面积的大小，确定孔数，布置孔位。每个脱空区至少布置两个孔：其中一个为灌浆孔，靠近脱空区的底部；另一个为排气孔，位于脱空区的顶部。

(3) 钻孔。

(4) 灌浆。灌浆施工自下端开始，逐渐向上。为了防止浆液沉积析水，致使浆体凝固后仍留有空隙，故采用浓的水泥浆灌注。

任务5.2 防渗墙施工

5.2.1 防渗墙

防渗墙是使用专用机具钻凿圆孔或直接开挖槽孔，孔内浇灌混凝土、回填黏土或其他防渗材料等或安装预制混凝土构件形成连续的地下墙体。也可用板桩、灌注桩、旋喷桩、定喷桩等各类桩体连续形成防渗墙。较浅的透水地基用黏土截水槽，下游设反滤层；较深的透水地基用槽孔型防渗墙和桩柱体防渗墙，槽孔型防渗墙由一段段槽孔套接而成，桩柱体防渗墙由一个个桩柱套接而成。

防渗墙是修建在挡水建筑物和透水地层中防止渗透的地下连续墙，它的实际应用远远超过了防渗的范围，除了用来控制闸坝基础的渗流外，还用于坝体的防渗加固、泄水建筑物下游基础的防冲、水工建筑物基础的承重、地下水库的修筑等。

5.2.2 防渗墙的基本形式

防渗墙的基本形式是槽孔型。先施工的槽孔称一期槽孔，后施工的称二期槽孔。

5.2.3 防渗墙的施工过程中应注意的问题

5.2.3.1 造孔准备

(1) 必须根据防渗墙的设计要求和槽孔长度的划分，做好槽孔的测量定位工作，并在此基础上，设置导向槽。

（2）导向槽安置好后，在槽侧铺设造孔钻机的轨道，安装钻机，修筑运输道路，架设动力、照明线路以及供水供浆管道，做好排水、排浆系统。

（3）向槽内充满泥浆，保持泥浆面在槽顶以下 30～50cm。

5.2.3.2 泥浆和泥浆系统

为了确保防渗墙的施工质量，在造孔成墙的过程中必须维持槽孔孔壁的稳定。工程中常用泥浆固壁来解决这个问题，泥浆除了固壁作用外，在造孔过程中，尚有悬浮岩屑和冷却润滑钻头的作用；成墙以后，渗入孔壁的泥浆和胶结在孔壁的泥皮，还有防渗作用。

5.2.3.3 造孔

（1）用钻挖机械开挖槽孔，修筑混凝土或黏土防渗墙。

（2）用一般土方机械挖槽，修筑泥浆槽级配料防渗墙。

（3）振动沉桩成槽，修筑板桩灌注防渗墙。

5.2.3.4 混凝土浇筑

黏土混凝土防渗墙的混凝土浇筑和一般的混凝土浇筑不同，是在泥浆液面下进行的。造孔以后，浇筑以前，要做好终孔验收和清孔换浆工作。泥浆下浇筑混凝土常用直升导管法。

项目 6

施 工 导 流

施工导流是水利水电枢纽工程总体设计的主要组成部分，是选定枢纽布置、永久建筑物形式、施工程序和施工总进度的重要因素。其目的是使施工期间的水沿着设计通道宣泄下去，露出干地进行施工。

施工过程中导流设计的主要任务是：周密地分析研究水文、地形、地质、水文地质、枢纽布置及施工条件等基本资料，在保证上述要求的前提下，选定导流标准、划分导流时段，确定导流设计流量；选定导流方案及导流建筑物的形式，确定导流建筑物的布置、构造及尺寸；拟定导流建筑物的修建、拆除、堵塞的施工方法以及截断河床水流、拦洪度汛及基坑排水的措施等。

任务 6.1 施 工 导 流 方 法

河床上修建水利水电工程时，为了使水工建筑物能在干地施工，需要用围堰围护基坑，并将河水引向预定的泄水建筑物泄向下游，这就是施工导流。

施工导流的方法大体上分为两类：一类是全段围堰法导流（即河床外导流），另一类是分段围堰法导流（即河床内导流）。

6.1.1 全段围堰法导流

全段围堰法导流是在河床主体工程的上下游各建一道拦河围堰，使上游来水通过预先修筑的临时或永久泄水建筑物（如明渠、隧洞等）泄向下游，主体建筑物在排干的基坑中进行施工，主体工程建成或接近建成时再封堵临时泄水道。

全段围堰法按泄水建筑物的类型不同可分为明渠导流、隧洞导流、涵管导流等。

6.1.1.1 明渠导流

1. 概念及应用条件

用上下游围堰一次拦断河床形成基坑，保护主体建筑物干地施工，天然河道水流经河岸或滩地上开挖的导流明渠泄向下游的导流方式称为明渠导流。

明渠导流的适用条件。如坝址河床较窄，或河床覆盖层很深，分期导流困难，且具备下列条件之一者，可考虑采用明渠导流。

（1）河床一岸有较宽的台地、垭口或古河道。

(2) 导流流量大，地质条件不适于开挖导流隧洞。

(3) 施工期有通航、排冰、过木要求。

(4) 总工期紧，不具备洞挖经验和设备。

国内外工程实践证明，在导流方案比较过程中，如明渠导流和隧洞导流均可采用，一般是倾向于明渠导流，这是因为明渠开挖可采用大型设备，加快施工进度，对主体工程提前开工有利。施工期间河道有通航、过木和排冰要求时，明渠导流更是明显有利。

2. 导流明渠布置

导流明渠布置分在岸坡上和在滩地上两种布置形式，如图6.1所示。

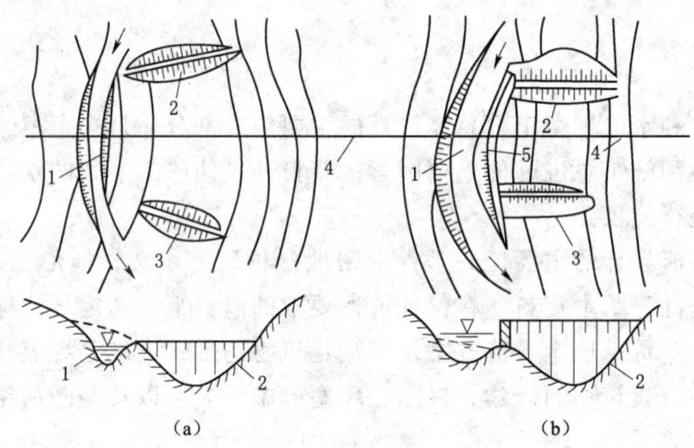

图6.1 明渠导流示意图

(a) 在岸坡上开挖的明渠；(b) 在滩地上开挖并设有导墙的明渠

1—导流明渠；2—上游围堰；3—下游围堰；4—坝轴线；5—明渠外导墙

(1) 导流明渠轴线的布置。导流明渠应布置在较宽台地、垭口或古河道一岸；渠身轴线要伸出上下游围堰外坡脚，水平距离要满足防冲要求，一般为50～100m；明渠进出口应与上下游水流相衔接，与河道主流的交角以30°为宜；为保证水流畅通，明渠转弯半径应大于5倍渠底宽；明渠轴线布置应尽可能缩短明渠长度和避免深挖方。

(2) 明渠进出口位置和高程的确定。明渠进出口力求不冲、不淤和不产生回流，可通过水力学模型试验调整进出口形状和位置，以达到这一目的；进口高程按截流设计选择，出口高程一般由下游消能控制；进出口高程和渠道水流流态应满足施工期通航、过木和排冰要求；在满足上述条件下，尽可能抬高进出口高程，以减少水下开挖量。

(3) 明渠断面形式的选择。明渠断面一般设计成梯形，渠底为坚硬基岩时，可设计成矩形。有时为满足截流和通航不同目的，也有设计成复式梯形断面。

6.1.1.2 隧洞导流

上下游围堰一次拦断河床形成基坑，保护主体建筑物干地施工，天然河道水流全部由导流隧洞宣泄的导流方式称为隧洞导流。

1. 隧洞导流适用条件

导流流量不大，坝址河床狭窄，两岸地形陡峻，如一岸或两岸地形、地质条件良好，可考虑采用隧洞导流。

2. 导流隧洞的布置

导流隧洞的布置如图 6.2 所示。

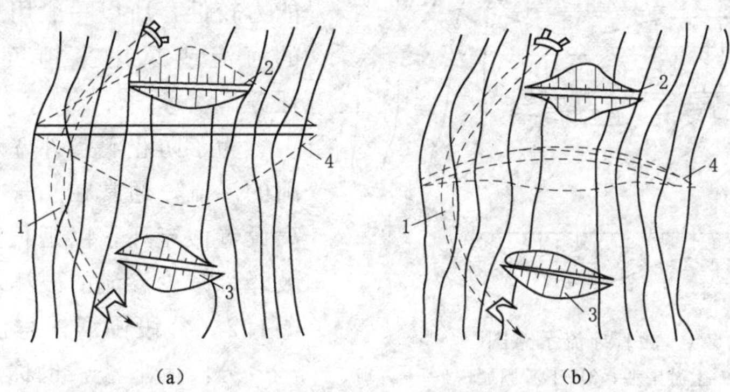

图 6.2 隧洞导流示意图

(a) 土石坝枢纽；(b) 混凝土坝枢纽

1—导流隧洞；2—上游围堰；3—下游围堰；4—主坝

(1) 隧洞轴线沿线地质条件良好，足以保证隧洞施工和运行的安全。

(2) 隧洞轴线宜按直线布置，如有转弯，转弯半径不小于 5 倍洞径（或洞宽），转角不宜大于 60°，弯道首尾应设直线段，长度不应小于 3～5 倍的洞径（或洞宽）；进出口引渠轴线与河流主流方向夹角宜小于 30°。

(3) 隧洞间净距、隧洞与永久建筑物间距、洞脸与洞顶围岩厚度均应满足结构和应力要求。

(4) 隧洞进出口位置应保证水力学条件良好，并伸出堰外坡脚一定距离，一般距离应大于 50m，以满足围堰防冲要求。进口高程多由截流控制，出口高程由下游消能控制，洞底按需要设计成缓坡或急坡，避免成反坡。

3. 导流隧洞断面设计

目前国内单洞断面尺寸多在 $200m^2$ 以下，单洞泄量不超过 $2000 \sim 2500m^3/s$。隧洞断面形式取决于地质条件、隧洞工作状况（有压或无压）及施工条件，常用断面形式有圆形、马蹄形、方圆形，如图 6.3 所示。

6.1.1.3 涵管导流

涵管导流一般在修筑土坝、堆石坝工程中采用。涵管通常布置在河岸岩滩上，其位置在枯水位以上，这样可在枯水期不修围堰或只修一小围堰而先将涵管筑好，然后再修上下游全段围堰，将河水引经涵管下泄，如图 6.4 所示。

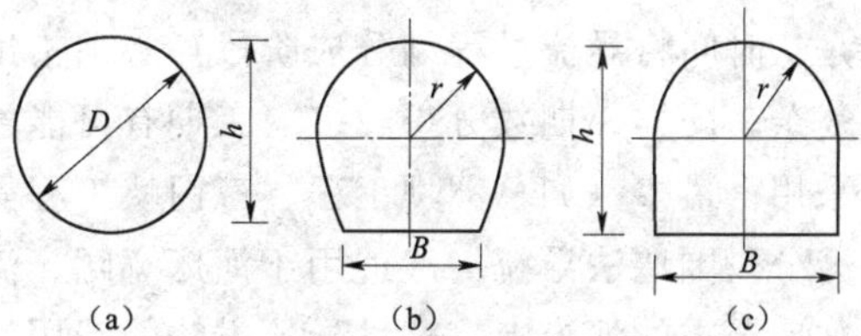

图 6.3 隧洞断面形式

(a) 圆形；(b) 马蹄形；(c) 方圆形

涵管一般是钢筋混凝土结构。当有永久涵管可以利用或修建隧洞有困难时，采用涵管导流是合理的。在某些情况下，可在建筑物基岩中开挖沟槽，必要时予以衬砌，然后封上混凝土或钢筋混凝土顶盖，

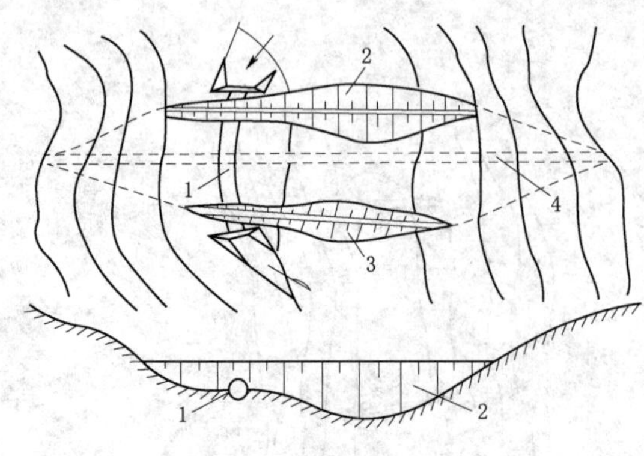

图 6.4 涵管导流示意图

1—导流涵管；2—上游围堰；3—下游围堰；4—土石坝

形成涵管。利用这种涵管导流往往可以获得经济可靠的效果。由于涵管的泄水能力较低，所以一般用于导流流量较小的河流或只用来担负枯水期的导流任务。

为了防止涵管外壁与坝身防渗体之间的渗流，通常在涵管外壁每隔一定距离设置截流环，以延长渗径，降低渗透坡降，减少渗流的破坏作用。

6.1.2 分段围堰法导流

分段围堰法，也称分期围堰法，就是用围堰将建筑物分段分期围护起来进行施工的方法。图 6.5 为一种常见的分段围堰法导流示意图。

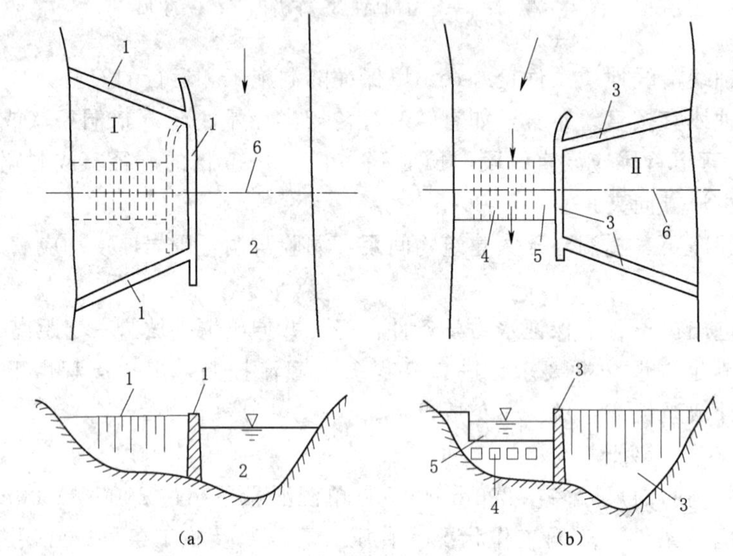

图 6.5 常见的分段围堰法导流示意图

(a) 一期导流（束窄河床导流）；(b) 二期导流（底孔与缺口导流）

1—一期围堰；2—束窄河床；3—二期围堰；4—导流底孔；5—坝体缺口；6—坝轴线

所谓分段，就是从空间将河床围护成若干个干地施工的基坑段进行施工。所谓分期，就是从时间将导流过程划分成阶段。必须指出，段数分得越多，围堰工程量越大，施工也越复杂；同样，期数分得越多，工期有可能拖得越长。因此在工程实践中，二段二期导流法采用得最多（如葛洲坝工程、三门峡工程等都采用）。

分段围堰法导流一般适用于河床宽阔、流量大、施工期较长的工程，尤其在通航河流和冰凌严重的河流上。这种导流方法的费用较低，分段围堰法导流，前期由束窄的原河道导流，后期可利用事先修建好的泄水道导流，常见泄水道的类型有底孔、坝体缺口等。

6.1.2.1 底孔导流

利用设置在混凝土坝体中的永久底孔或临时底孔作为泄水道，是二期导流经常采用的方法。导流时让全部或部分导流流量通过底孔宣泄到下游，保证后期工程的施工。如系临时底孔，则在工程接近完工或需要蓄水时要加以封堵。底孔导流的布置形式如图 6.6 所示。

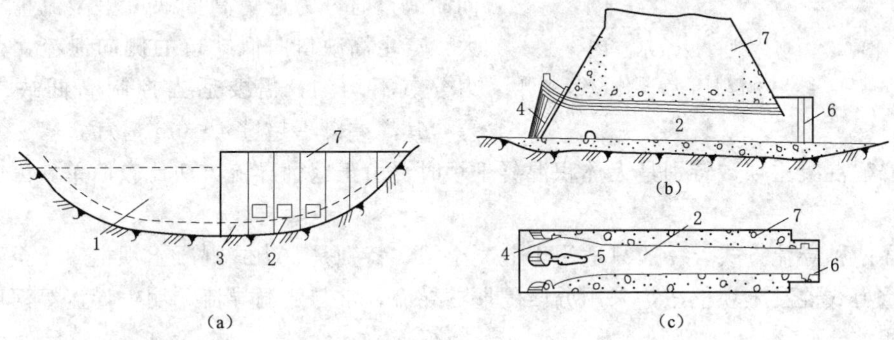

图 6.6 底孔导流的布置形式

(a) 二期施工时下游立视图；(b) 底孔纵断面；(c) 底孔水平剖面

1—二期修建坝体；2—底孔；3—二期纵向围堰；4—封闭闸门门槽；5—中间墩；6—出口封闭门槽；7—已浇筑的混凝土坝体

采用临时底孔时，底孔的尺寸、数目和布置，要通过相应的水力学计算确定。一般底孔的底坎高程应布置在枯水位之下，以保证枯水期泄水。当底孔数目较多时，可把底孔布置在不同的高程，封堵时从最低高程的底孔堵起，这样可以减少封堵时所承受的水压力。

临时底孔的断面多采用矩形，为了改善孔周的应力状况，也可采用有圆角的矩形。按水工结构要求，孔口尺寸应尽量小，但某些工程由于导游流量较大，只好采用尺寸较大的底孔，如表 6.1 所示。

表 6.1　　水利水电工程导流底孔尺寸

工程名称	底孔尺寸（宽×高）/(m×m)	工程名称	底孔尺寸（宽×高）/(m×m)
新安江（浙江省）	10×13	石泉（陕西省）	7.5×10.41
黄龙滩（湖北省）	8×11	白山（吉林省）	9×14.2

底孔导流的优点是，挡水建筑物上部的施工可以不受水流的干扰，有利于均衡连续施工，这对修建高坝特别有利。若坝体内设有永久底孔可以用来导流，更为理想。底孔导流的缺点是：由于坝体内设置了临时底孔，钢材用量增加；如果封堵质量不好，会削弱坝体的整体性，还有可能漏水；在导流过程中底孔有被漂浮物堵塞的危险；封堵时由于水头较高，安放闸门及止水等均较困难。

6.1.2.2 坝体缺口导流

混凝土坝施工过程中，当汛期河水暴涨暴落、其他导流建筑物不足以宣泄全部流量时，为了不影响坝体施工进度、使坝体在涨水时仍能继续施工，可以在未建成的坝体上预

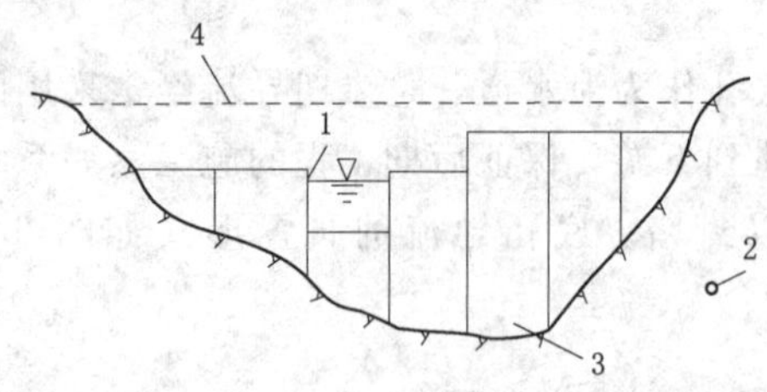

图 6.7 坝体缺口过水示意图

1—过水缺口；2—导流隧洞；3—坝体；4—坝顶

留缺口，如图 6.7 所示，以便配合其他建筑物宣泄洪峰流量，待洪峰过后，上游水位回落，再继续修筑缺口。所留缺口的宽度和高度取决于导流设计流量、其他建筑物的泄水能力、建筑物的结构特点和施工条件。采用底坎高程不同的缺口时，为避免高低缺口单宽流量相差过大，产生高缺口向低缺口的侧向泄流，引起压力分布不均匀，需要适当控制高低缺口的高差。其高差以不超过 4～6m 为宜。

在修建混凝土坝，特别是大体积混凝土坝时，由于这种导流方法比较简单，因此常被采用。

上述两种导流方式，一般只适用于混凝土坝，特别是重力式混凝土坝枢纽。至于土石坝或非重力式混凝土坝枢纽，采用分段围堰法导流，常与隧洞导流、明渠导流等河床外导流方式相结合。

任务 6.2 围 堰 工 程

围堰是导流工程中临时的挡水建筑物，用来围护施工中的基坑，保证水工建筑物能在干地施工。在导流任务结束后，如果围堰对永久建筑物的运行有妨碍或没有考虑作为永久建筑物的一部分，应予拆除。

水利水电工程中经常采用的围堰，按其所使用的材料，可以分为土石围堰、混凝土围堰、钢板桩格型围堰和草土围堰等。

按围堰与水流方向的相对位置，其可分为横向围堰和纵向围堰。

按导流期间基坑淹没条件，其可以分为过水围堰和不过水围堰。过水围堰除需要满足一般围堰的基本要求，还要满足围堰顶过水的专门要求。

选择围堰形式时，必须根据当时当地的具体条件，在满足下述基本要求的原则下，通过技术经济比较加以选定：

(1) 具有足够的稳定性、防渗性、抗冲性和一定的强度。

(2) 造价便宜，构造简单，修建、维护和拆除方便。

(3) 围堰的布置应力求使水流平顺，不发生严重的水流冲刷。

(4) 围堰接头和岸边连接都要安全可靠，不致因集中渗漏等破坏作用而引起围堰失事。

(5) 有必要时应设置抵抗冰凌、船筏的冲击和破坏的设施。

6.2.1 围堰的基本形式和构造

6.2.1.1 土石围堰

土石围堰是水利水电工程中采用最为广泛的一种围堰形式，如图 6.8 所示。这是用当地材料填筑而成的围堰，不仅可以就地取材和充分利用开挖弃料做围堰填料，而且构造简单，施工方便，易于拆除，工程造价低，可以在流水中、深水中、岩基或有覆盖层的河床上修建。但其工程量较大，堰身沉陷变形也较大，如柘溪水电站的土石围堰一年中累计沉陷量最大达 40.1cm，为堰高的 1.75%，一般为 0.8%～1.5%。

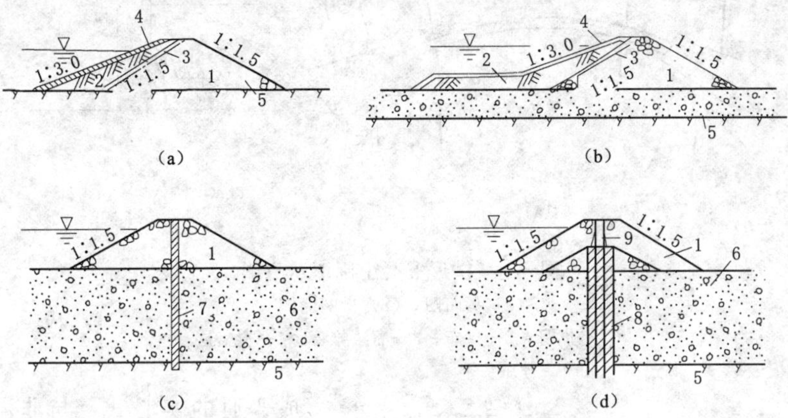

图 6.8　土石围堰示意图

(a) 斜墙式；(b) 斜墙带水平铺盖式；(c) 垂直防渗墙式；(d) 灌浆帷幕式

1—堆石体；2—黏土斜墙、铺盖；3—反滤层；4—护面；5—隔水层；6—覆盖层；7—垂直防渗墙；8—灌浆帷幕；9—黏土心墙

土石围堰因断面较大，一般用于横向围堰，但在宽阔河床的分期导流中，由于围堰束窄河床，增加的流速不大，也可用于纵向围堰，但需注意防冲设计，以保围堰安全。

土石围堰的设计与土石坝基本相同，但其结构形式在满足导流期正常运行的情况下应力求简单、便于施工。

6.2.1.2　混凝土围堰

混凝土围堰的抗冲与抗渗能力强，挡水水头高、底宽小，易于与永久混凝土建筑物相连接，必要时还可以过水，因此采用比较广泛。在国外，采用拱形混凝土围堰的工程较多。近年，国内贵州省的乌江渡、湖南省的凤滩等水利水电工程也采用过拱形混凝土围堰作为横向围堰，但多数还是以重力式混凝土围堰作纵向围堰，如三门峡、丹江口、三峡等工程的混凝土纵向围堰均为重力式混凝土围堰。

1. 拱形混凝土围堰

其一般适用于两岸陡峻、岩石坚实的山区河流，常采用隧洞及允许基坑淹没的导流方案，如图 6.9 所示。通常围堰的拱座是在枯水期的水面以上施工的。对围堰的基础处理，当河床的覆盖层较薄时需进行水下清基，若覆盖层较厚，则可灌注水泥浆防渗加固。堰身的混凝土浇筑则要进行水下施工，因此，难度较高。在拱基两侧要回填部分砂砾料以利灌浆，形成阻水帷幕。

拱形混凝土围堰由于利用了混凝土抗压强度高的特点，与重力式相比，断面较小，可节省混凝土工程量。

2. 重力式混凝土围堰

采用分段围堰法导流时，重力式混凝土围堰往往可兼做第一期纵向围堰和第二期纵向围堰，两侧均能挡水，还能作为永久建筑物的一部分，如隔墙、导墙等。重力式围堰可做

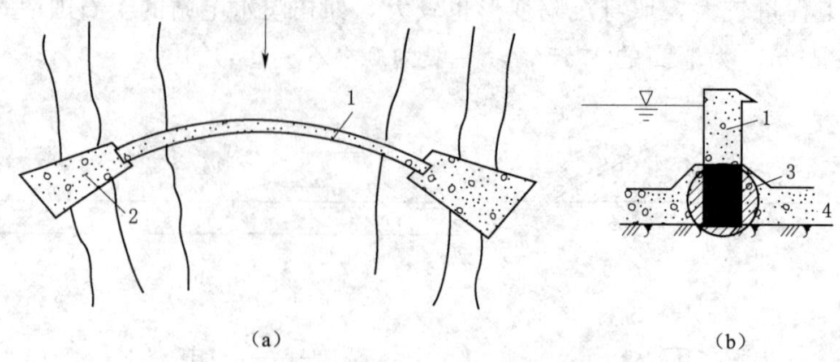

图 6.9 拱形混凝土围堰示意图

(a) 平面图；(b) 横断面图

1—拱身；2—拱座；3—灌浆帷幕；4—覆盖层

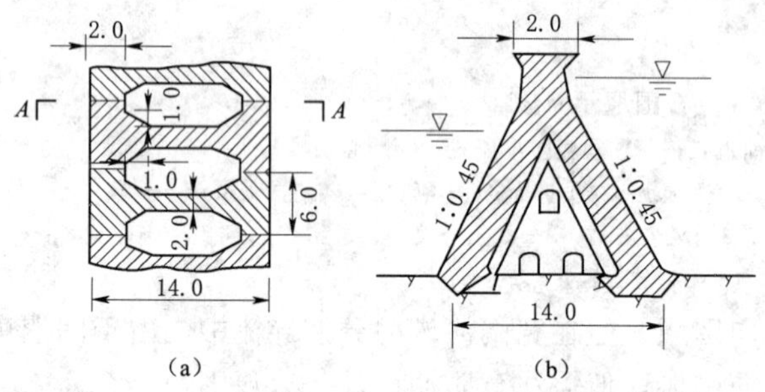

图 6.10 三门峡工程的纵向围堰（单位：m）

(a) 平面图；(b) A—A 剖面

成普通的实心式，与非溢流重力坝类似；也可做成空心式，如三门峡工程的纵向围堰，如图 6.10 所示。

纵向围堰需抗御高速水流的冲刷，所以一般均修建在岩基上。为保证混凝土的施工质量，一般可将围堰布置在枯水期出露的岩滩上。如果这样还不能保证干地施工，则通常需另修土石低水围堰加以围护。重力式混凝土围堰现在有普遍采用碾压混凝土浇筑的趋势，如三峡工程三期横向围堰及纵向围堰均采用碾压混凝土。

6.2.1.3 钢板桩格型围堰

钢板桩格型围堰是重力式挡水建筑物，由一系列彼此相接的格体构成，按照格体的平面形状，可分为圆筒形格体、扇形格体和花瓣形格体。这些形式适用于不同的挡水高度，应用较多的是圆筒形格体。图 6.11 所示为圆筒形钢板桩格型围堰的平面示意图。它是由许多钢板桩通过锁口互相连接而成为格形整体。钢板桩的锁口有握裹式、互握式和倒钩式三种。格体内填充透水性强的填料，如砂、砂卵石或石碴等。在向格体内进行填料时，必须保持各格体内的填料表面大致均衡上升，因高差太大会使格体变形。

钢板桩格型围堰具有坚固、抗冲、抗渗、围堰断面小、便于机械化施工的特点；钢板桩的回收率高，可达 70%以上；尤其适用于束窄度大的河床段作为纵向围堰，但由于需要大量的钢材，且施工技术要求高，我国目前仅应用于大型工程中。

圆筒形格体钢板桩围堰，一般适用的挡水高度小于 15～18m，可以建在岩基或非岩基上，也可作为过水围堰用。

圆筒形格体钢板桩围堰的修建由定位、打设模架支柱、模架就位、安插钢板桩、打设钢板桩、填充料渣、取出模架及其支柱和填充料渣到设计高程等工序组成。圆筒形格体钢板桩围堰一般需在流水中修筑，受水位变化和水面波动的影响较大，施工难度较大。

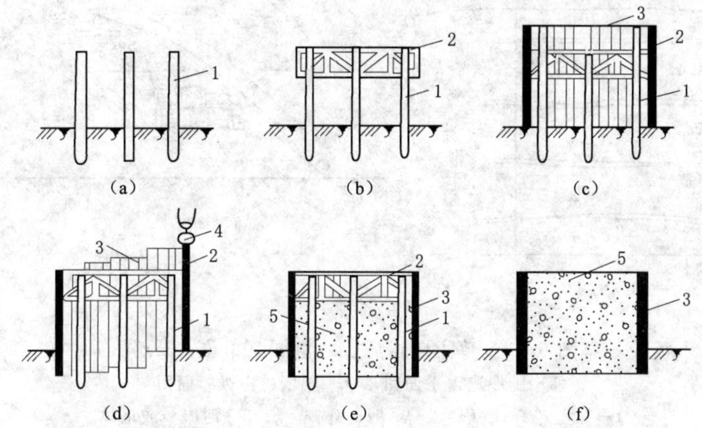

图 6.11　圆筒形钢板桩格型围堰的平面示意图

(a) 定位、打设模架支柱；(b) 模架就位；(c) 安插钢板桩；(d) 打设钢板桩；(e) 填充料渣；(f) 取出模架及其支柱和填充料渣到设计高程

1—支柱；2—模架；3—钢板桩；4—打桩机；5—填料

6.2.1.4　草土围堰

草土围堰是一种以麦草、稻草、芦柴、柳枝和土为主要原料的草土混合结构，如图 6.12 所示，我国运用它已经有 2000 多年的历史。这种围堰主要用于黄河流域的渠道春修堵口工程，中华人民共和国成立后，在青铜峡、盐锅峡、八盘峡等工程，以及南方的黄坛口工程中均得到应用。

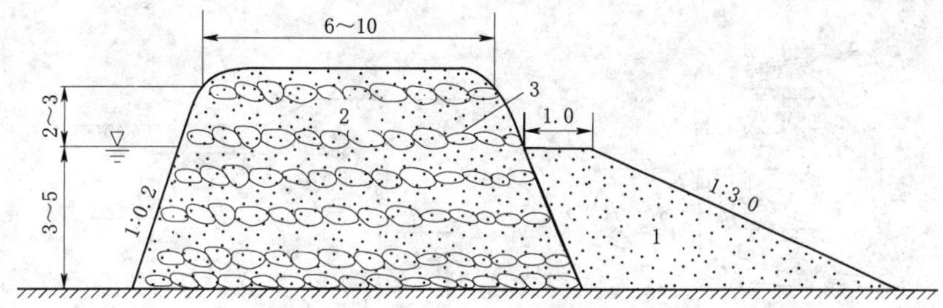

图 6.12　草土围堰断面示意图（单位：m）

1—戗土；2—土料；3—草捆

草土围堰施工简单，速度快、取材容易、造价低，拆除也方便，具有一定的抗冲、抗渗能力，堰体的容重较小，特别适用于软土地基。但这种围堰不能承受较大的水头，所以仅限水深不超过 6m、流速不超过 3.5m/s、使用期 2 年以内的工程。草土围堰的施工方法比较特殊，就其实质来说也是一种进占法，按其所用草料形式的不同，可以分为散草法、捆草法、埽捆法三种；按其施工条件，可分为水中填筑和干地填筑两种。由于草土围堰本身的特点，水中填筑质量比干填法容易保证，这是与其他围堰所不同的，实践中的草土围堰，普遍采用捆草法施工，图 6.13 为草土围堰施工示意图。

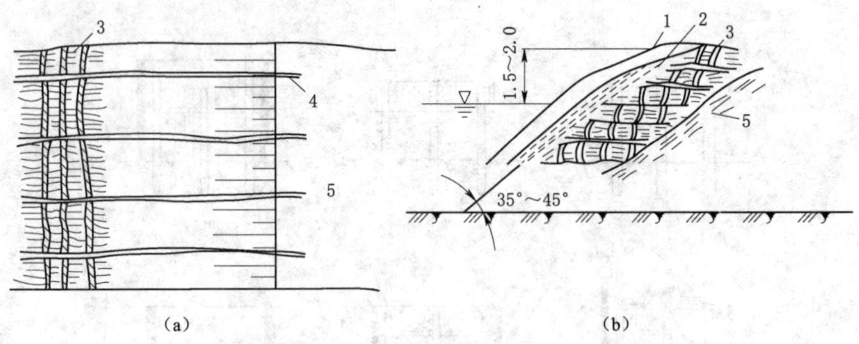

图 6.13 草土围堰施工示意图（单位：m）
(a) 围堰进占平面图；(b) 围堰进占纵断面图
1—黏土；2—散草；3—草捆；4—草绳；5—河岸线或堰体

6.2.2 围堰的平面布置

围堰的平面布置主要包括围堰内基坑范围确定和分期导流纵向围堰布置两个问题。

6.2.2.1 围堰内基坑范围确定

堰内基坑范围大小主要取决于主体工程的轮廓和相应的施工方法。当采用一次拦断法导流时，围堰基坑是由上、下游围堰和河床两岸围成的。当采用分期导流时，围埋基坑是由纵向围堰与上下游横向围堰围成。在上述两种情况下，上下游横向围堰的布置，都取决于主体工程的轮廓。通常基坑坡趾距离主体工程轮廓的距离，不应小于 20～30m，以便布置排水设施、交通运输道路、堆放材料和模板等，如图 6.14 所示。至于基坑开挖边坡的大小，则与地质条件有关。

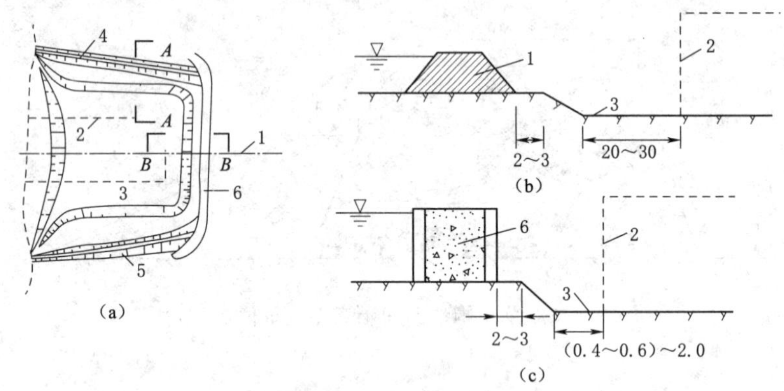

图 6.14 围堰布置与基坑范围示意图（单位：m）
(a) 平面图；(b) *A*—*A* 剖面；(c) *B*—*B* 剖面
1—主体工程轴线；2—主体工程轮廓；3—基坑；4—上游横向围堰；5—下游横向围堰；6—纵向围堰

当纵向围堰不作为永久建筑物的一部分时，基坑坡趾距离主体工程轮廓的距离，一般不小于 2.0m，以便布置排水导流系统和堆放模板，如果无此要求，只需留 0.4～0.6m。

实际工程的基坑形状和大小往往是很不相同的。有时可以利用地形以减小围堰的高度和长度；有时为照顾个别建筑物施工的需要，将围堰轴线布置成折线形；有时为了避开岸边较大的溪沟，也采用折线布置。为了保证基坑开挖和主体建筑物的正常施工，基坑范围应当留有一定富余。

6.2.2.2 分期导流纵向围堰布置

在分期导流方式中，纵向围堰布置是施工中的关键问题，选择纵向围堰位置，实际上就是要确定适宜的河床束窄度。束窄度就是天然河流过水面积被围堰束窄的程度，一般可用下式表示：

$$K=\frac{A_2}{A_1}\times 100\%$$

式中 K——河床的束窄程度（一般取值为 47%～68%）；

A_1——原河床的过水面积，m^2；

A_2——围堰和基坑所占据的过水面积，m^2。

适宜的纵向围堰位置，与以下主要因素有关。

1. 地形地质条件

河心洲、浅滩、小岛、基岩露头等，都是可供布置纵向围堰的有利条件，这些部位便于施工，并有利于防冲保护。三峡工程利用江心洲三斗坪作为纵向围堰的一部分。

2. 水工布置

尽可能利用厂坝、厂闸、闸坝等建筑物之间的隔水导墙作为纵向围堰的一部分。例如，葛洲坝工程就是利用厂闸导墙，三峡、三门峡、丹江口等工程则利用厂坝导墙作为二期纵向围堰的一部分。

3. 河床允许束窄度

河床允许束窄度主要与河床地质条件和通航要求有关。对于非通航河道，如河床易冲刷，一般均允许河床产生一定程度的变形，只要能保证河岸、围堰堰体和基础免受淘刷即可。束窄流速常可允许达到 3m/s 左右，岩石河床允许束窄度主要视岩石的抗冲流速而定。图 6.15 为三门峡工程的围堰布置。

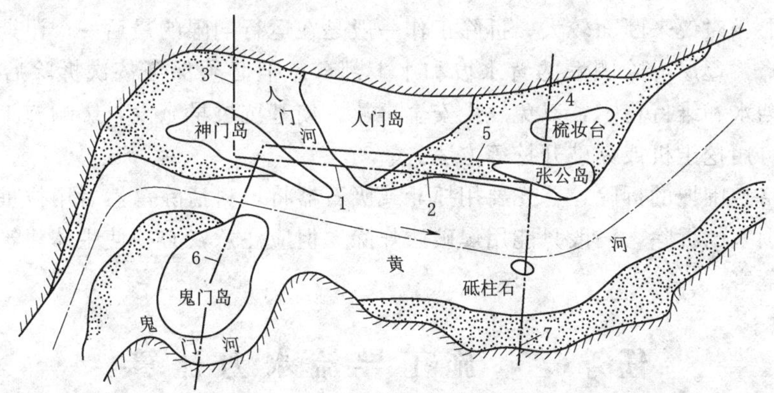

图 6.15 三门峡工程的围堰布置

1、2——一期纵向低水围堰；3——一期上游横向高水围堰；4——一期下游横向高水围堰；5—纵向混凝土围堰；6—二期上游横向围堰；7—二期下游横向围堰

对于一般性河流和小型船舶，当缺乏具体研究资料时，可参考以下数据：当流速小于2.0m/s时，机动木船可以自航，当流速小于3.0～3.5m/s，且局部水面集中落差不大于0.5m时，拖轮可自航，木材流放最大流速可考虑为3.5～4.0m/s。

4. 导流过水要求

进行一期导流布置时，不但要考虑束窄河道的过水条件，而且要考虑二期截流与导流的要求。主要应考虑的问题是，一期基坑中能否布置下宣泄二期导流流量的泄水建筑物；由一期转入二期施工时的截流落差是否太大。

5. 施工布局的合理性

各期基坑中的施工强度应尽量均衡。一期工程施工强度可比二期低些，但不宜相差悬殊。如有可能，分期分段数应尽量少一些。导流布置应满足总工期的要求。

以上五个方面，仅仅是选择纵向围堰位置时应考虑的主要问题。如果天然河槽呈对称形状，没有明显有利的地形地质条件可供利用，可以通过经济比较方法选定纵向围堰的适宜位置，使一期、二期总的导流费用最小。

分期导流时，上、下游围堰一般不与河床中心线垂直，围堰的平面布置常呈梯形，既可使水流顺畅，同时也便于运输道路的布置和衔接。当采用一次拦断法导流时，上、下游围堰不存在突出的绕流问题，为了减少工程量，围堰多与主河道垂直。

纵向围堰的平面布置形状，对于过水能力有较大影响。但是，围堰的防冲安全，通常比前者更重要。实践中常采用流线型和挑流式布置。

6.2.3 围堰的拆除

围堰是临时建筑物，导流任务完成后，应按设计要求拆除，以免影响永久建筑物的施工及运转。例如，在采用分段围堰法导流时，第一期横向围堰的拆除，如果不合要求，势必会提高上、下游水位差，从而增加截流工作的难度，增大截流料物的重量及数量。如苏联的伏尔谢水电站截流时，上、下游水位差是1.88m，其中，由于引渠和围堰没有拆除干净，造成的水位差就有1.73m。又如下游围堰拆除不干净，会抬高尾水位，影响水轮机的利用水头，浙江省富春江水电站曾受此影响，降低了水轮机出力，造成不应有的损失。

土石围堰相对说来断面较大，拆除工作一般是在运行期限的最后一个汛期过后，随上游水位的下降，逐层拆除围堰的背水坡和水上部分。但必须保证依次拆除后所残留的断面，能继续挡水和维持稳定，以免发生安全事故，使基坑过早淹没，影响施工。土石围堰的拆除一般可用挖土机或爆破开挖等方法。

钢板桩格型围堰的拆除，首先要用抓斗或吸石器将填料清除，然后用拔桩机起拔钢板桩。混凝土围堰的拆除，一般只能用爆破法炸除，但应注意，必须使主体建筑物或其他设施不受爆破危害。

任务6.3 施工导流水力计算

6.3.1 导流设计流量确定

6.3.1.1 导流设计标准

导流设计流量的大小，取决于导流设计的洪水频率标准，通常简称为导流设计标准。

根据现行规范《水利水电工程施工组织设计规范》(SL 303—2017)，在确定导流设计标准时，首先根据导流建筑物（指枢纽工程施工期所使用的临时性挡水建筑物和泄水建筑物）所保护对象、失事后果、使用年限和工程规模等因素划分为Ⅲ～Ⅴ级，然后再根据导流建筑物级别及导流建筑物类型确定导流标准。

在确定导流建筑物的级别时，当导流建筑物按指标分属不同级别时，应以其中最高级别为准。但列为Ⅲ级导流建筑物时，至少应有两项指标符合要求；不同级别的导流建筑物或同级导流建筑物的结构形式不同时，应分别确定洪水标准、堰顶超高值和结构设计安全系数；导流建筑物级别应根据不同的施工阶段按表6.2划分，同一施工阶段中的各导流建筑物的级别，应根据其不同作用划分；各导流建筑物的洪水标准必须相同。

表6.2　　导流建筑物级别划分

级别	保护对象	失事后果	使用年限/年	围堰工程规模	
				堰高/m	库容/亿 m^3
Ⅲ	有特殊要求的Ⅰ级永久建筑物	淹没重要城镇、工矿企业、交通干线或推迟工程总工期及第一台（批）机组发电，造成重大灾害和损失	>3	>50	>1.0
Ⅳ	Ⅰ、Ⅱ级永久建筑物	淹没一般城镇、工矿企业或推迟工程总工期及第一台（批）机组发电而造成较大灾害和损失	1.5～3	15～50	0.1～1.0
Ⅴ	Ⅲ、Ⅳ级永久建筑物	淹没基坑，但对总工期及第一台（批）机组发电影响不大，经济损失较小	<1.5	<15	<0.1

注　1. 导流建筑物包括挡水建筑物和泄水建筑物，两者级别相同。
2. 四项指标均按施工阶段划分。
3. 有、无特殊要求的永久建筑物均系针对施工期而言，有特殊要求的Ⅰ级永久建筑物系指施工期不允许过水的土坝及其他有特殊要求的永久建筑物。
4. 使用年限系指导流建筑物每一施工阶段的工作年限，两个或两个以上施工阶段共用的导流建筑物，如分期导流，一、二期共用的纵向围堰，其使用年限不能叠加计算。
5. 围堰工程规模一栏中，堰高是指挡水围堰最大高度，库容是指堰前设计水位所拦蓄的水量，两者必须同时满足。

一般以主要挡水建筑物的洪水标准为准；利用围堰挡水发电时，围堰级别可提高一级，但必须经过技术经济论证；导流建筑物与永久建筑物结合时，结合部分结构设计应采用永久建筑物级别标准，但导流设计级别与洪水标准仍按表6.2规定执行。

导流建筑物洪水标准，在下述情况下可用下表6.3中的上限值。

表6.3　　导流建筑物洪水标准划分

导流建筑物类型	导流建筑物级别		
	Ⅲ	Ⅳ	Ⅴ
	洪水重现期/年		
土石	20～50	10～20	5～10
混凝土	10～20	5～10	3～5

(1) 河流水文实测资料系列较短（小于20年），或工程处于暴雨中心区。

(2) 采用新型围堰结构形式。

(3) 处于关键施工阶段，失事后可能导致严重后果。

(4) 工程规模、投资和技术难度用上限值与下限值相差不大。

过水围堰的挡水标准，应结合水文特点、施工工期、挡水时段，经技术经济比较后，在重现期3～20年范围内选定。当水文序列较长（不短于30年）时，也可按实测流量资料分析选用。过水围堰级别，按表6.2确定的各项指标是以过水围堰挡水期情况作为衡量依据。围堰过水时的设计洪水标准，应根据过水围堰的级别和表6.3选定。当水文系列较长（不短于30年）时，也可按实测典型年资料分析并通过水力学计算或水工模型试验选用。

6.3.1.2 导流时段划分

导流时段就是按照导流程序划分的各施工阶段的延续时间。

在我国，一般河流全年的流量变化过程如图6.16所示。按其水文特征可分为枯水期、中水期、洪水期。在不影响主体工程施工的条件下，若导流建筑物只担负枯水期的挡水泄水任务，显然可以大大减少导流建筑物的工程量，改善导流建筑物的工作条件，具有明显的技术经济效益。因此，合理划分导流时段，明确不同导流时段建筑物的工作条件，是既安全又经济地完成导流任务的基本要求。导流时段的划分与河流的水文特征、水工建筑物的形式、导流方案、施工进度有关系。土坝、堆石坝和支墩坝一般不允许过水，因此当施工期较长，而洪水来临前又不能完建时，导流时段就要考虑以全年为标准。其导流设计流量，就应为以导流设计标准确定的相应洪水期的年最大流量。但如安排的施工进度能够保证在洪水来临之前使坝体起拦洪作用，则导流时段即可按洪水来临前的施工时段为标准，导流设计流量即为该时段内按导流标准确定的相应洪水重现期的最大流量。当采用分段围堰法导流、后期用临时底孔导流来修建混凝土坝时，一般宜划分为三个导流时段：第一时段，河水由束窄的河流通过，进行第一期基坑内的工程施工；第二时段，河水由导流底孔下泄，进行第二期基坑内的工程施工；第三时段，进行底孔封堵，坝体全面升高，河水由永久建筑物下泄。也可部分或完全拦蓄在水库中，直到工程完建。在各时段，围堰和坝体的挡水高程和泄水建筑物的泄水能力，均应按相应时段内相应洪水重现期的最大流量作为导流设计流量进行设计。

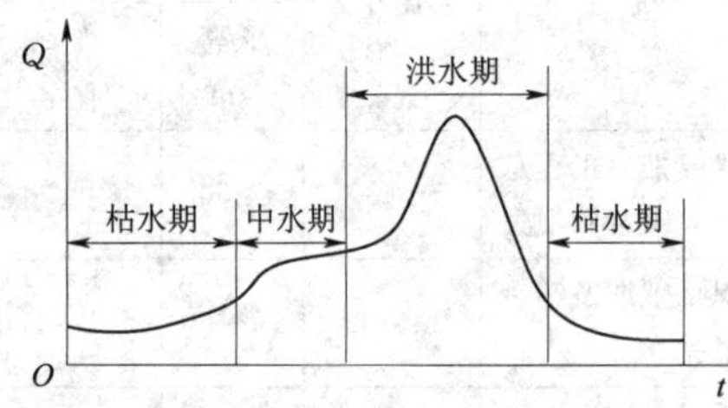

图6.16 河流流量变化过程线

山区型河流，其特点是洪水期流量特别大、历时短，而枯水期流量特别小，因此水位变幅很大。若按一般导流标准要求设计导流建筑物，不是挡水围堰修得很高，就是泄水建筑物的尺寸很大，而使用期又不长，这显然是不经济的。在这种情况下可以考虑采用允许基坑淹没的导流方案，就是大水来临时围堰过水，基坑被淹没，河床部分停工，待洪水退落、围堰挡水时再继续施工。

采用允许基坑淹没的导流方案时，导流费用最低的导流设计流量，必须经过技术经济比较才能确定。

6.3.2 导流建筑物的水力计算

导流水力计算的主要任务是计算各种导流泄水建筑物的泄水能力，以便确定泄水建筑物的尺寸和围堰高程。隧洞导流水力计算见《水力学》教材。下面介绍束窄河床水位壅高计算。

分期导流围堰束窄河床后，使天然水流发生改变，在围堰上游产生水位壅高，如图 6.17 所示，其值可采用如下近似公式试算。即先假设上游水位 H_0 算出 Z 值，以 $Z+t_{cp}$ 与所设 H_0 比较，逐步修改 H_0 值，直至接近 $Z+t_{cp}$ 值，一般 2～3 次即可。

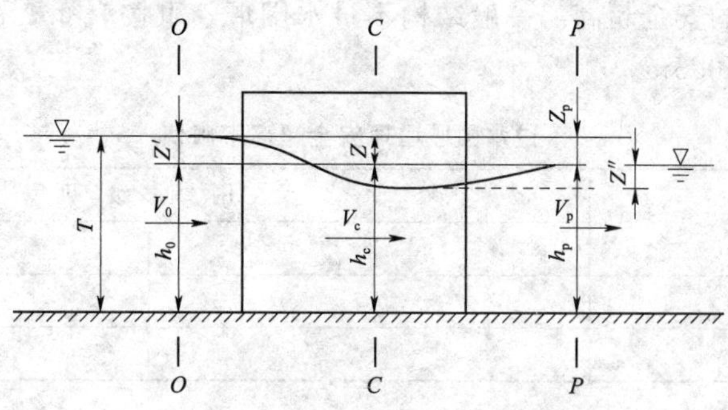

图 6.17　束窄河床水力计算简图

$$Z=\frac{1}{\varphi^2}\cdot\frac{V_c^2}{2g}-\frac{V_0^2}{2g}$$

$$V_c=\frac{Q}{W_c}$$

$$W_c=\varepsilon b_c t_{cp}$$

式中　Z——水位壅高，m；

V_0——行近流速，m/s；

g——重力加速度（取 9.80m/s^2）；

φ——流速系数（与围堰布置形式有关，表 6.4）；

V_c——束窄河床平均流速，m/s；

Q——计算流量，m^3/s；

W_c——收缩断面有效过水断面面积，m^2；

b_c——束窄河段过水宽度，m；

t_{cp}——河道下游平均水深，m；

ε——过水断面侧收缩系数，单侧收缩时采用 0.95，两侧收缩采用 0.90。

表 6.4　　不同围堰布置的 φ 值

布置形式	矩形	梯形	梯形且有导水墙	梯形且有上导水坝	梯形且有顺流丁坝
布置简图					
φ	0.70～0.80	0.80～0.85	0.85～0.90	0.70～0.80	0.80～0.85

6.3.3　堰顶高程的确定

堰顶高程的确定，取决于导流设计流量及围堰的工作条件。

下游横向围堰堰顶高程可按下式计算：

$$H_d=h_d+\delta$$

式中 H_d——下游围堰的顶部高程，m；

h_d——下游水位高程，可直接由天然河道水位流量关系曲线查得，m；

δ——围堰的安全超高，一般结构不过水围堰，可按表 6.5 查得，对于过水围堰 0.2～0.5m。

表 6.5 **不过水围堰堰顶安全超高下限值** 单位：m

围堰形式	围堰级别	
	Ⅲ	Ⅳ～Ⅴ
土石围堰	0.7	0.5
混凝土围堰	0.4	0.3

上游围堰的堰顶高程由下式确定：

$$H_d=h_d+Z+h_a+\delta$$

式中 H_d——上游围堰顶部高程，m；

Z——上、下游水位差，m；

h_a——波浪高度，可参照永久建筑物的有关规定和其他专业规范计算。一般情况可以不计，但应适当增加超高。纵向围堰的堰顶高程，应与堰侧水面曲线相适应。纵向围堰顶面往往做成阶梯形或倾斜状，其上、下游高程分别与相应的横向围堰同高。

任务 6.4 导流方案的选择

水利水电枢纽工程的施工，从开工到完建往往不是采用单一的导流方法，而是几种导流方法组合起来配合运用，以取得最佳的技术经济效果。这种不同导流时段不同导流方法的组合，通常就称为导流方案。

导流方案的选择受各种因素的影响。必须在周密地研究各种影响因素的基础上，拟订几个可能的方案，进行技术经济比较，从中选择技术经济指标优越的方案。

选择导流方案时考虑的主要因素如下。

(1) 水文条件。河流的流量大小、水位变化的幅度、全年流量的变化情况、枯水期的长短、汛期洪水的延续时间、冬季的流冰及冰冻情况等，均直接影响导流方案的选择。一般来说，对于河床单宽流量大的河流，宜采用分段围堰法导流。对于水位变化幅度大的山区河流，可采用允许基坑淹没的导流方法，在一定时期内通过过水围堰和淹没基坑来宣泄洪峰流量。对于枯水期较长的河流，充分利用枯水期安排工程施工是完全必要的。但对于枯水期不长的河流，如果不利用洪水期进行施工，就会拖延工期。对于流冰的河流，应充分注意流冰的宣泄问题，以免流冰壅塞、影响泄流，造成导流建筑物失事。

(2) 地形条件。坝区附近的地形条件，对导流方案的选择影响很大。对于河床宽阔的河流，宜采用分段围堰法导流，当河床中有天然石岛或沙洲时，采用分段围堰法导流，更有利于导流围堰的布置，特别是纵向围堰的布置。在河段狭窄、两岸陡峻、山岩坚实的地区，宜采用隧洞导流。至于平原河道，河流的两岸或一岸比较平坦，或有河湾、老河道可资利用时，则宜采用明渠导流。

（3）地质及水文地质条件。河流两岸及河床的地质条件对导流方案的选择与导流建筑物的布置有直接影响。若河流两岸或一岸岩石坚硬、风化层薄、且有足够的抗压强度，则有利于选用隧洞导流。如果岩石的风化层厚且破碎，或有较厚的沉积滩地，则适合采用明渠导流。河床的束窄，减小了过水断面的面积，使水流流速增大，这时为了河床不受过大的冲刷、避免把围堰基础掏空，应根据河床地质条件来决定河床可能束窄的程度。对于岩石河床，抗冲刷能力较强。河床允许束窄程度较大，甚至可达到88%，流速有增加到7.5m/s的，但对覆盖层较厚的河床，抗冲刷能力较差，其束窄程度都不到30%，流速仅允许达到3.0m/s，此外，选择围堰形式，基坑能否允许淹没，能否利用当地材料修筑围堰等，也都与地质条件有关。水文地质条件则对基坑排水工作和围堰形式的选择有很大关系。因此，为了更好地进行导流方案的选择，对地质和水文地质勘测工作提出专门要求。

（4）水工建筑物的形式及其布置。水工建筑物的形式和布置与导流方案相互影响，因此在决定建筑物的形式和枢纽布置时，应该同时考虑并拟定导流方案，而在选定导流方案时，又应该充分利用建筑物形式和枢纽布置方面的特点。

如果枢纽组成中有隧洞、渠道、涵管、泄水孔等永久泄水建筑物，在选择导流方案时应该尽可能加以利用。在设计永久泄水建筑物的断面尺寸并拟定其布置方案时，应该充分考虑施工导流的要求。

采用分段围堰法修建混凝土坝枢纽时，应当充分利用水电站与混凝土坝之间或混凝土坝溢流段和非溢流段之间的隔墙作为纵向围堰的一部分，以降低导流建筑物的造价。在这种情况下，对于第二期工程所修建的混凝土坝，应该核算它是否能够布置二期工程导流建筑物（底孔、预留缺口）。

（5）施工期间河流的综合利用。施工期间，需满足通航、筏运、渔业、供水、灌溉或水电站运转等的要求，这使导流问题的解决更加复杂。在通航河流上，大多采用分段围堰法导流。要求河流在束窄以后，河宽仍能便于船只的通行，水深与船只吃水深度相适应，束窄断面的最大流速一般不得超过2.0m/s，特殊情况需与当地航运部门协商研究确定。

对于浮运木筏或散材的河流，在施工导流期间，要避免木材壅塞泄水建筑物或者堵塞束窄河床。

在施工中后期，水库拦洪蓄水时，要注意满足下游供水、灌溉用水和水电站运行的要求，有时为了保证渔业的要求，还要修建临时过鱼设施，以便鱼群能回游。

（6）施工进度、施工方法及施工场地布置。水利水电工程的施工进度与导流方案密切相关。通常是根据导流方案才能安排控制性进度计划，在水利水电枢纽施工导流过程中，对施工进度起控制作用的关键性时段主要有导流建筑物的完工期限、截断河床水流的时间、坝体拦洪的期限、封堵临时泄水建筑物的时间以及水库蓄水发电的时间等。

此外，导流方案的选择与施工场地的布置亦相互影响。例如，在混凝土坝施工中，当混凝土生产系统布置在一岸时，以采用全段围堰法导流为宜。若采用分段围堰法导流，则应以混凝土生产系统所在的一岸作为第一期工程，因为这样两岸的交通运输问题比较容易解决。

在选择导流方案时，除了综合考虑以上各方面因素以外，还应使主体工程尽可能及早发挥效益，简化导流程序，降低导流费用，使导流建筑物既简单易行，又适用可靠。

任务 6.5 截 流

6.5.1 截流概述

6.5.1.1 截流的概念

在施工导流过程中，在导流建筑物建成以后，利用有利时机，迅速截断原来河床水流，并迫使河水改道而经过预定的泄水建筑物下泄的工作，就叫河道截流。截流后，可以在河床全面展开主体工程的施工。

6.5.1.2 截流的重要性

截流若不能按时完成，整个围堰内的主体工程都不能按时开工。一旦截流失败，造成的影响更大。所以，截流在施工导流中占有十分重要的地位。施工中，一般把截流作为施工过程的关键问题和施工进度中的控制项目。

6.5.1.3 截流的基本要求

为了保证截流成功，事先必须做好周密的设计，重要过程一般都要做截流模型试验。在截流开始之前，要做好器材、设备和组织上的充分准备，以便截流时，能够集中全力、一气呵成。

6.5.1.4 截流的相关概念和过程

(1) 进占：截流一般是先从河床的一侧或者两侧向河中填筑截流戗堤，这种向水中筑堤的工作称为进占。

(2) 龙口：戗堤填筑到一定程度，河床渐渐缩窄，接近最后时，便形成一个流速较大的临时的过水缺口，这个缺口称为龙口。

(3) 合龙（截流）：封堵龙口的工作称为合龙，也称为截流。

(4) 裹头：在合龙开始之前，为了防止龙口处的河床或者戗堤两端被高速水流冲毁，要在龙口处和戗堤端头增设防冲设施予以加固，这项工作称为裹头。

(5) 闭气：合龙以后，戗堤本身是漏水的，因此，要在迎水面设置防渗设施，在戗堤全线设置防渗设施的工作就称为闭气。

截流过程：从上述相关概念可以看出，整个截流过程就是抢筑戗堤，先后过程包括戗堤的进占、裹头、合龙、闭气四个步骤。

6.5.2 截流日期和截流流量

截流一般在枯水期进行。河的流量越小，截流越容易取得成功。在确定具体截流日期时，应考虑以下条件。

6.5.2.1 截流前后应做的工作

(1) 截流前泄水建筑物须建成以供导流使用。

(2) 截流后要继续修建围堰、开挖基坑、基坑排水、修建主体过程等；并须在汛期到来之前把围堰或者永久性建筑物修建到拦洪高程。其目的是给以后工作创造条件。

(3) 应考虑使截流日期尽量提前。

6.5.2.2 河流综合利用

截流时要考虑河流的综合利用，如对通航、过筏、供水等的影响最小，一般在通航的河道上，最好选在停航的期间截流。

6.5.2.3 寒冷地区的截流

一般不在冰冻期截流，因为冰凌容易堵塞河床或者泄水道，壅高上游水位，给截流造成很大困难。

6.5.2.4 截流日期确定

一般选在枯水期初、流量已有明显下降时进行截流，但并不一定是流量最小的时刻。在实际工作中，还应根据水文短期预报和施工的进展情况，最后确定截流日期。

6.5.2.5 截流流量的确定

截流日期确定之后，设计流量即可据以确定。当截流选在枯水期初、水势下跌时，导流流量可以定得小一些；水势上涨时，导流流量可以定得大一些。在初步设计中，一般采用截流月份的5%或10%频率的月或旬平均流量，也可以用日平均流量。此外，还必须根据当时情况和水文气象预报加以修正，按修正后的流量进行各项截流的准备工作。

6.5.3 截流材料

截流时用什么样的材料，取决于截流时可能发生的流速大小，工地上起重和运输能力的大小。过去，在施工截流中，在堤坝溃决抢堵时，常用梢料、麻袋、草包、抛石、石笼、竹笼等，近年来，国内外在大江大河的截流施工中，抛石是基本的材料，此外，当截流水力条件比较差时，采用混凝土预制的六面体、四面体、四脚体，预制钢筋混凝土构架等。在截流中，合理选择截流材料的尺寸、重量，对于截流的成败和截流费用的大小，都将产生很大的影响。材料的尺寸和重量主要取决于截流合龙时的流速。

6.5.4 截流方法

截流的基本方法分平堵和立堵两种。

6.5.4.1 平堵法

这种方法是在龙口上架设浮桥或者栈桥，可以用自卸汽车在桥上沿着龙口的全线抛投截流材料，使抛投体从河底开始逐层上升，直到露出水面。使用该法截流，龙口处的单宽流量比较小，流速分布比较均匀，截流材料的单个重量也比较小。截流时，工作线长，抛投强度大，施工进度比较快。但是，该法由于需要搭设桥梁，因此造价比较高，一般在软基河床上采用，如图 6.18 所示。

6.5.4.2 立堵法

这种方法是从龙口的一端向对岸，或者从龙口的两端向中间逐步抛投进占，直到将龙口水流截断，封闭龙口。立堵法的优点是，不需要架设桥梁，准备工作比较简单，造价比较低。其缺点是，龙口处，单宽流量大，流速大，流速分布不均，在龙口封堵的最后阶段，需要用单个重量比较大的截流材料。由于工作前沿狭窄，抛投强度受限制，施工进度比较慢。立堵法截流在我国一直作为一种主要的截流方法，一般适用于大流量的情况，如图 6.19 所示。

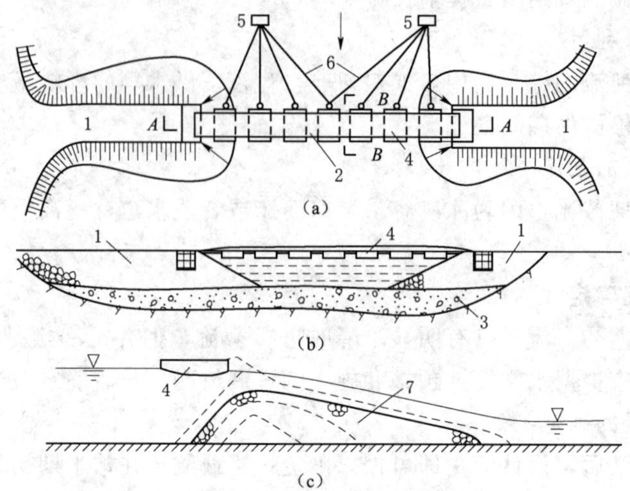

图 6.18 平堵法截流示意图

(a) 平面图；(b) $A—A$ 剖面图；(c) $B—B$ 剖面图

1—截流戗堤；2—龙口；3—覆盖层；4—浮桥；5—锚墩；6—钢缆；7—平堵截流抛石体

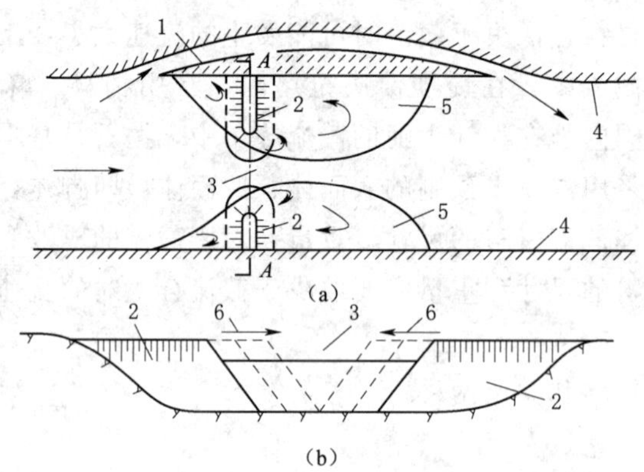

图 6.19 立堵法截流示意图

(a) 平面图；(b) $A—A$ 剖面图

1—分流建筑物；2—截流戗堤；3—龙口；4—河岸；5—回流区；6—进占方向

任务6.6 基 坑 排 水

6.6.1 基坑排水概述

6.6.1.1 排水目的

在围堰合龙闭气以后，排除基坑内的存水和不断流入基坑的各种渗水，以使基坑保持干燥状态，为基坑开挖、地基处理、主体工程正常施工创造有利条件。

6.6.1.2 排水分类及水的来源

按排水的时间和性质不同，排水一般分为两种。

(1) 初期排水。初期排水是指围堰合龙闭气后接着进行的排水工作。水的来源是修建围堰时基坑内的积水、渗水、雨天的降水。

(2) 经常排水。经常排水是指在基坑开挖和主体工程施工过程中经常进行的排水工作。水的来源是基坑内的渗水、雨天的降水，主体工程施工的废水等。

6.6.1.3 排水的基本方法

基坑排水的方法有两种：明式排水法（明沟排水法）、暗式排水法（人工降低地下水位法）。

6.6.2 初期排水

6.6.2.1 排水能力估算

选择排水设备，主要根据需要排水的能力，而排水能力的大小又要考虑排水时间安排的长短和施工条件等因素。通常按下式估算：

$$Q=KV/T$$

式中 Q——排水设备的排水能力，m^3/s；

K——积水体积系数，大中型工程采用4～10，小型工程采用2～3；

V——基坑内的积水体积，m^3；

T——初期排水时间，s。

6.6.2.2 排水时间选择

排水时间的选择受水面下降速度的限制，而水面下降允许速度要考虑围堰的形式、基坑土壤的特性，基坑内的水深等情况，水面下降慢，影响基坑开挖的开工时间；水面下降快，围堰或者基坑的边坡中的水压力变化大，容易引起塌坡。因此水面下降速度一般限制在每昼夜0.5～1.0m的范围内。在基坑内的水深已知、水面下降速度选择好的情况下，初期排水所需要的时间也就确定了。

6.6.2.3 排水设备和排水方式

根据初期排水要求的能力，可以确定所需要的排水设备的容量。排水设备一般用普通的离心水泵或者潜水泵。为了便于组合、方便运转，一般选择容量不同的水泵。排水泵站一般分固定式和浮动式两种，浮动式泵站可以随着水位的变化而改变高程，比较灵活，若采用固定式，当基坑内的水深比较大的时候，可以采取将水泵逐级下放到基坑内不同高程的各个平台上，进行抽水。

6.6.3 经常性排水

主体工程在围堰内正常施工的情况下，围堰内外水位差很大，外面的水会向基坑内渗透，雨天的雨水，施工用的废水，都需要及时排除，否则会影响主体工程的正常施工。因此经常性排水是不可缺少的工作内容。经常性排水一般采取明式排水法或者暗式排水法（人工降低地下水位的方法）。

6.6.3.1 明式排水法

1. 明式排水的概念

明式排水是指在基坑开挖和建筑物施工过程中，在基坑内布设排水明沟，设置集水井、抽水泵站，而形成的一套排水系统。

2. 排水系统的布置

这种排水系统有两种情况如图 6.20 和图 6.21 所示。

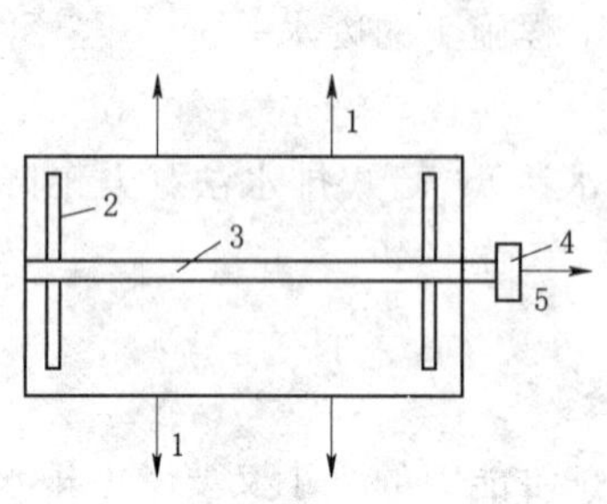

图 6.20 基坑开挖排水系统布置

1—运土方向；2—支沟；3—干沟；4—集水井；5—水泵抽水

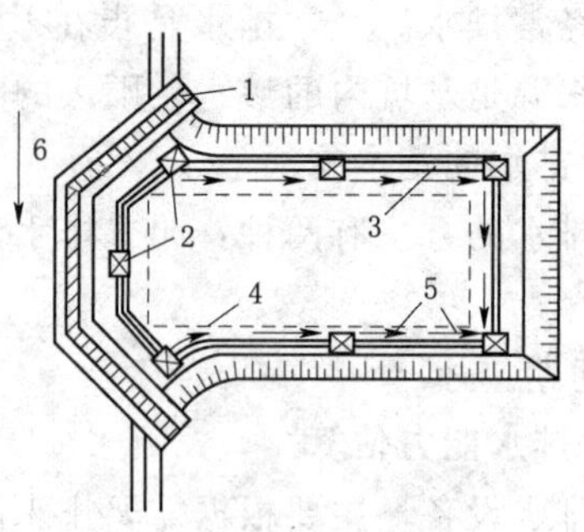

图 6.21 建筑物施工排水系统布置

1—围堰；2—集水井；3—排水沟；4—建筑物轮廓线；5—水流方向；6—河流

(1) 基坑开挖排水系统。

该系统的布置原则是：不能妨碍开挖和运输，一般布置方法是：为了两侧出土方便，在基坑的中线部位布置排水干沟，而且要随着基坑开挖进度，逐渐加深排水沟，干沟深度一般保持 1～1.5m，支沟 0.3～0.5m，集水井的底部要低于干沟的沟底。

(2) 建筑物施工排水系统。

该排水系统一般布置在基坑的四周，排水沟布置在建筑物轮廓线的外侧，为了不影响基坑边坡稳定，排水沟离开基坑边坡坡脚 0.3～0.5m。

(3) 排水沟布置。

其内容包括断面尺寸的大小、水沟边坡的陡缓、水沟底坡的大小等，主要根据排水量的大小来决定。

(4) 集水井布置。

集水井一般布置在建筑物轮廓线以外比较低的地方，集水井、干沟与建筑物之间也应保持适当距离。其原则是，不能影响建筑物施工和施工过程中材料的堆放、运输等。

3. 渗透流量估算

(1) 估算的目的和内容。

估算的目的是为选择排水设备的能力提供依据。估算的内容包括围堰的渗透流量、基坑的渗透流量。

(2) 围堰渗透流量。

围堰渗透流量一般按有限透水地基上土坝的渗透计算方法进行计算。其公式为

$$Q=K\frac{(H+T)^2-(T-y)^2}{2L}$$

式中 Q——每米长围堰渗入基坑的渗透流量，$m^3/(d\cdot m)$；

K——围堰与透水层的平均渗透系数，m/d；

H——上游水深，m；

T——透水层厚度，m；

y——排水沟水面到沟顶的距离，m；

L——下游坡脚到排水沟边沿的距离，m。

(3) 基坑渗透流量。

按无压完整井公式计算，公式为

$$Q=1.366K\frac{H^2-h^2}{\lg\frac{R}{r}}$$

式中 Q——基坑的渗透流量，m^3/d；

H——含水层厚度，m；

h——基坑内的水深，m；

R——地下水位下降曲线的影响半径，m；

r——化引半径，把非圆形基坑化成假想的相当圆形，m。

对形状不规则的基坑：

$$r=\sqrt{\frac{F}{\pi}}$$

对于矩形基坑：

$$r=\eta\frac{L+B}{4}$$

式中 F——基坑平面面积，即各井中心连线围成的面积，m^2；

π——常数；

L——基坑长度，m；

B——基坑宽度，m；

η——基坑形状系数，根据 B/L 选择。

(4) 说明。

地下水位下降曲线的影响半径 R 和地基渗透系数 K 等资料，最好由测试获得，估算时一般按经验取值。

对地下水位下降曲线的影响半径 R：细砂 $R=100\sim200$m；中砂 $R=250\sim500$m；粗砂 $R=700\sim1000$m。

对于渗透流量：当基坑在透水地基上时，可按 1.0m 水头作用下单位基坑面积的渗透流量经验数据来估算总的渗透流量。

降雨一般按不超过 200mm 的暴雨考虑，施工废水，可忽略不计。

6.6.3.2 暗式排水法（人工降低地下水位法）

1. 基本概念

在基坑开挖之前，在基坑周围钻设滤水管或滤水井，在基坑开挖和建筑物施工过程中，从井管中不断抽水，以使基坑内的土壤始终保持干燥状态的做法叫暗式排水法。

2. 暗式排水的意义

在细砂、粉砂、亚砂土地基上开挖基坑，若地下水位比较高，随着基坑底面的下降，渗透水位差会越来越大，渗透压力也必然越来越大，因此容易产生流沙现象，一边开挖基坑，一边冒出流沙，开挖非常困难，严重时，会出现滑坡，甚至危及邻近结构物的安全和施工的安全。因此，人工降低地下水位是必要的。

3. 分类

常用的暗式排水法分管井排水法和井点排水法两种。

（1）管井排水法。

1）基本原理。在基坑的周围钻造一些管井，管井的内径一般为20～40cm，地下水在重力作用下，流入井中，因此需用抽水泵进行抽排。抽水泵有普通离心泵、潜水泵、深井泵等，可根据水泵的不同性能和井管的具体情况选择。

2）管井布置。管井一般布置在基坑的外围或者基坑边坡的中部，管井的间距应视土层渗透系数的大小，渗透系数小的，间距小一些；渗透系数大的，间距大一些；一般为15～25m。

3）管井组成。管井施工方法就是农村打机井的方法。管井包括井管、外围滤料、封底填料三部分。井管无疑是最重要的组成部分，它对井的出水量和可靠性影响很大，要求它过水能力大、进入泥沙少，应有足够的强度和耐久性。因此一般用无砂混凝土预制管，也有的用钢制管。

4）管井施工。管井施工多用钻井法和射水法。钻井法先下套管、再下井管，然后一边填滤料，一边拔出套管。射水法是用专门的水枪冲孔，井管随着冲孔下沉。这种方法主要是注意根据不同的土壤性质选择不同的射水压力。

（2）井点排水法。

井点排水法分为轻型井点、喷射井点、电渗井点三种类型，它们都适用于渗透系数比较小的土层排水，其渗透系数都在0.1～50m/d。但是它们的组成比较复杂，如轻型井点就由井点管、集水总管、普通离心式水泵、真空泵、集水箱等设备组成。当基坑比较深、地下水位比较高时，还要采用多级井点，因此需要设备多、工期长、基坑开挖量大，一般不经济。其在一般工程中采用较少，故不再介绍。

项目 7

施 工 管 理

施工管理水平对于缩短建设工期、降低工程造价、提高施工质量、保证施工安全至关重要。施工管理工作涉及施工、技术、经济活动等。其管理活动是从制订计划开始，通过计划的制订，进行协调与优化，确定管理目标；然后在实施过程中按计划目标进行指挥、协调与控制；根据实施过程中反馈的信息调整原来的控制目标；通过施工项目的计划、组织、协调与控制的活动，实现施工管理的目标。

任务 7.1 施 工 进 度 控 制

施工进度控制是影响工程项目建设目标实现的关键因素之一。其控制的总任务是在满足工程项目建设总进度计划要求的基础上，编制或审核施工进度计划，对其执行情况进行动态控制与调整，以保证工程项目按期实现控制的目标。

7.1.1 施工进度计划的控制方法

施工项目进度控制是工程项目进度控制的主要环节，常用的控制方法有横道图控制法、S形曲线控制法、“香蕉”曲线比较法等。

7.1.1.1 横道图控制法

横道图控制法是在项目过程实施中，收集检查实际进度的信息，经整理后直接用横道线表示，并直接与原计划的横道线进行比较。某工程横道图见图 7.1 所示。

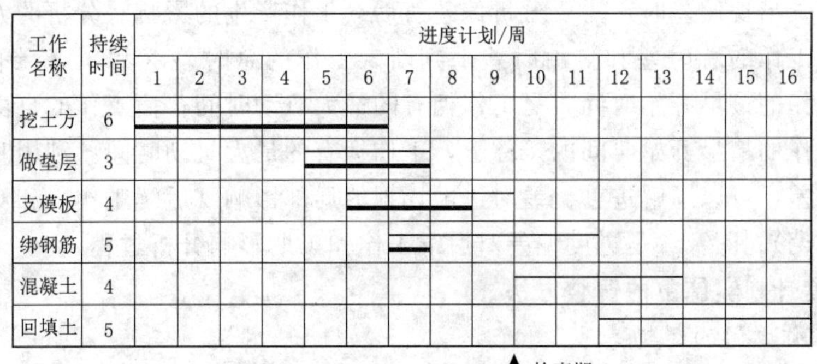

图 7.1 横道图

7.1.1.2 S形曲线控制法

S形曲线图是一个以横坐标表示时间、纵坐标表示工作量完成情况的曲线图。该工作量的具体内容可以是实物工程量、工时消耗或费用，也可以是相对的百分比。对于大多数工程项目来说，在整个项目实施期内单位时间（以天、周、月、季等为单位）的资源消耗（人、财、物的消耗）通常是中间多而两头少。由于这一特性，资源消耗累加后便形成一条中间陡而两头平缓的形如S的曲线，如图7.2所示。

像横道图一样，S形曲线也能直观地反映工程项目的实际进展情况。项目进度控制工程师事先绘制进度计划的S形曲线。在项目施工过程中，每隔一定时间按项目实际进度情况绘制完工进度的S形曲线，并与原计划的S形曲线进行比较。

7.1.1.3 “香蕉”曲线比较法

“香蕉”曲线是由两条以同一开始时间、同一结束时间的S形曲线组合而成。其中，一条S形曲线是工作按最早开始时间安排进度所绘制的，简称ES曲线；而另一条S形曲线是工作按最迟开始时间安排进度所绘制的，简称LS曲线。除了项目的开始点和结束点外，ES曲线在LS曲线的上方，同一时刻两条曲线所对应完成的工作量是不同的。在项目实施过程中，理想的状况是任一时刻的实际进度在这两条曲线所包区域内的曲线R，如图7.3所示。

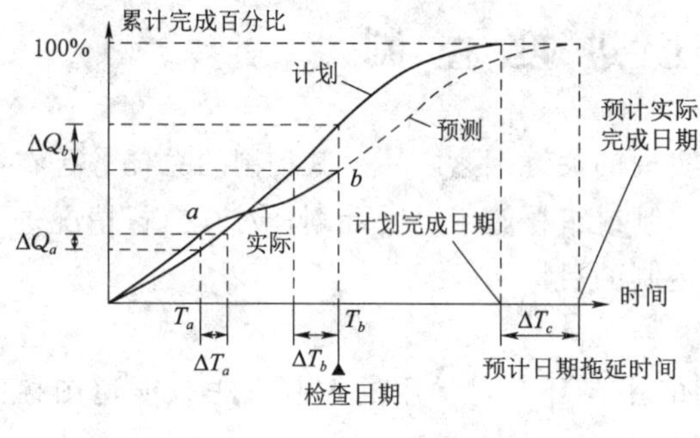

图7.2 S形曲线

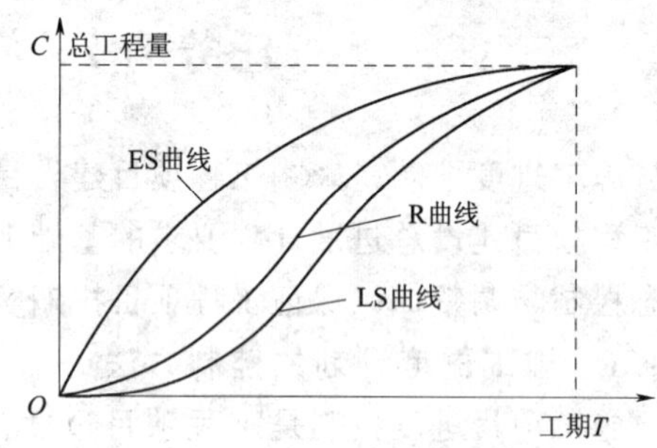

图7.3 “香蕉”曲线图

7.1.2 进度计划实施中的调整方法

7.1.2.1 分析偏差对后续工作及工期影响

当进度计划出现偏差时，需要分析偏差对后续工作产生的影响。分析的方法主要是利用网络计划中工作的总时差和自由时差来判断。工作的总时差（TF）不影响项目工期，但影响后续工作的最早开始时间，是工作拥有的最大机动时间；而工作的自由时差是指在不影响后续工作的最早开始时间的条件下，工作拥有的最大机动时间。利用时差分析进度计划出现的偏差，可以了解进度偏差对进度计划的局部影响（后续工作）和对进度计划的总体影响（工期）。图7.4是进度偏差对后继工作和工期影响分析过程。

7.1.2.2 进度计划实施中的调整方法

1. 改变工作之间的逻辑关系

这种方法主要是通过改变关键线路上工作之间的先后顺序、逻辑关系来实现缩短工期的目的。采取这种方法进行调整时，由于增加了工作的相互搭接时间，进度控制工作显得

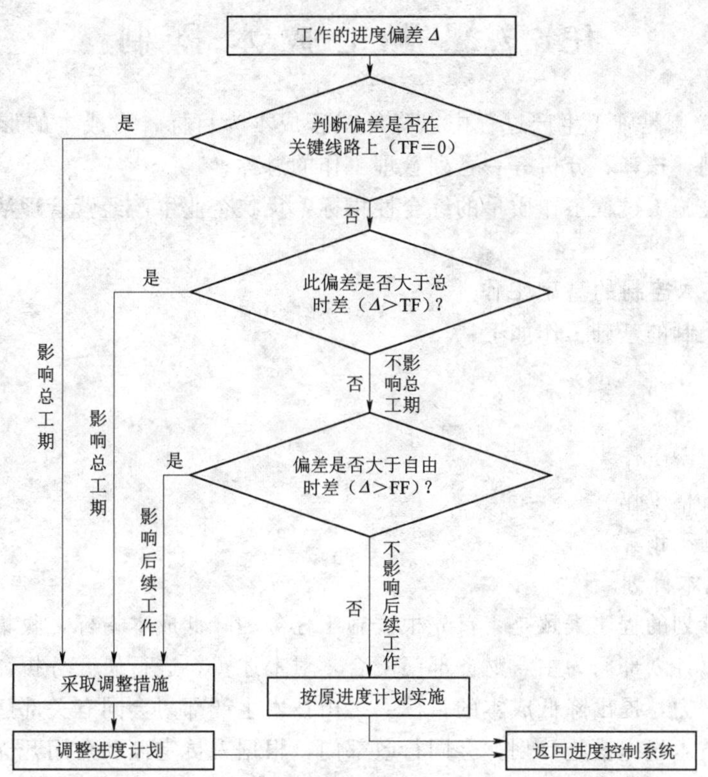

图 7.4　进度偏差对后续工作和工期影响分析过程

更加重要，实施中必须做好协调工作。

2. 改变工作延续时间

这种方法与第一种方法不同，它主要是对关键线路上工作本身的调整，工作之间的逻辑关系并不发生变化。这种调整方法通常在网络计划图上直接进行，其与限制条件以及对后续工作的影响程度有关，一般可考虑以下三种情况。

(1) 在网络图中，某项工作进度拖延，但拖延的时间在该工作的总时差范围内、自由时差以外。若用Δ表示此项工作拖延的时间，即：FF<Δ<TF。

根据前面的分析，这种情况不会对工期产生影响，只对后续工作产生影响。因此，在进行调整前，要确定后续工作允许拖延的时间限制，并作为进度调整的限制条件。

(2) 在网络图中，某项工作进度的拖延时间大于项目工作的总时差，即：Δ>TF。

这时该项工作可能在关键线路上（TF=0）；也可能在非关键线路上，但拖延的时间超过了总时差（Δ>TF）。其调整的方法是，以工期的限制时间作为规定工期，对未实施的网络计划进行工期-费用优化。通过压缩网络图中某些工作的持续时间，使总工期满足规定工期的要求。

(3) 在网络计划中工作进度超前。在计划阶段所确定的工期目标，往往是综合考虑各方面因素优选的合理工期。

任务 7.2 施工成本控制

施工成本控制是施工生产过程中以降低工程成本为目标，对成本的形成所进行的预测、计划、控制、核算、分析等一系列管理工作的总称。

施工成本是施工过程工作质量的综合性指标，反映企业生产经营管理活动各个方面的工作成果。

7.2.1 施工成本控制的基础工作

施工成本控制的基础工作如下：

（1）定额工作。

（2）计量检验工作。

（3）原始记录工作。

（4）内部价格工作。

（5）编制施工预算。

7.2.2 编制成本计划

编制成本计划的程序大致是：首先根据施工任务和降低成本指标，收集、整理所需要的资料。然后以计划部门为主，财务部门配合，对上述资料进行研究分析，比先进、找差距，挖掘企业潜力，提出降低成本的目标。再由技术生产部门会同有关部门共同研究，提出降低成本的技术组织措施计划，会同行政部门，根据人员定额和费用开支范围，编制管理费用计划。在此基础上，由计划财务部门会同有关部门编制出降低成本计划。

降低工程成本的措施一般包括以下内容：

（1）加强施工生产管理，合理组织施工生产，正确选择施工方案，进行现场施工成本控制，降低工程成本。

（2）提高劳动生产率。

（3）节约材料物资。

（4）提高机械设备利用率和降低机械使用费。

（5）节约施工管理费。

（6）加强技术质量管理，积极推行新技术、新结构、新材料、新工艺。

7.2.3 施工成本因素分析

施工成本因素分析，就是通过对施工过程中各项费用的对比与分析，揭露存在问题，寻找降低工程成本的途径。

技术经济指标完成的好坏，最终会直接或间接地影响工程成本的增减。下面就主要工程技术经济指标变动对工程成本的影响做简要分析。

7.2.3.1 产量变动对工程成本的影响

工程成本一般可分为变动成本和固定成本两部分。由于固定成本不随产量变化，因此，随着产量的提高，各单位工程所分摊的固定成本将相应减少，单位工程成本也就会随产量的增加而有所减少，即

$$D_g = R_g C$$

式中 D_g——因产量变动而使工程成本降低的数额，简称成本降低额；

C——原工程总成本；

R_g——成本降低率，即 D_g/C。

7.2.3.2 劳动生产率变动对工程成本的影响

提高劳动生产率，是增加产量、降低成本的重要途径。在分析劳动生产率的影响时，还须考虑人工平均工资增长的影响。其计算公式为

$$R_L=\left(1-\frac{1+\Delta W}{1+\Delta L}\right)W_{\omega}$$

式中 R_L——由于劳动生产率（含工资增长）变动而使成本降低的成本降低率；

ΔW——平均工资增长率；

ΔL——劳动生产率增长率；

W_{ω}——人工费占总成本的比重。

7.2.3.3 资源、能源利用程度对工程成本的影响

影响资源、能源费用的因素主要是用量和价格两个方面。就企业角度而言，降低耗用量（当然包含损耗量）是降低成本的主要方面。其计算公式为

$$R_m=\Delta m\cdot W_m$$

式中 R_m——因降低资源、能源耗用量而引起的成本降低率；

Δm——资源、能源耗用量降低率；

W_m——资源、能源费用在工程成本中的比重。

如果利用率表示，则有

$$R_m=\left(1-\frac{m_0}{m_n}\right)\cdot W_m$$

式中 m_0、m_n——资源、能源原来和变动后的利用率；其余符号同前。

在建筑工程中，有时要根据不同原因，在保证工程质量的前提下，采用一些替代材料，由此引起的工程成本降低额为

$$D_r=D_0P_0-Q_rP_r$$

式中 D_r——替代材料引起的成本降低额；

Q_0、P_0——原拟用材料用量和单价；

Q_r、P_r——替代材料用量和单价。

7.2.3.4 机械利用率变动对工程成本的影响

机械利用率变动对工程成本的影响，可直接利用 7.2.3.1 和 7.2.3.2 分析。

为便于随时测定，亦可用以下两式计算：

$$R_T=\left(1-\frac{1}{P_T}\right)\cdot W_d$$

$$R_P=\frac{P_P-1}{P_T\cdot P_P}\cdot W_d$$

式中 R_T、R_P——机械作业时间和生产能力变动引起的单位成本降低率；

P_T、P_P——机械作业时间的计划完成率和生产能力计划完成率；

W_d——固定成本占总成本比重。

7.2.3.5 工程质量变动对工程成本的影响

质量提高，返工减少，既能加快施工速度、促进产量增加，又能节约材料、人工、机械和其他费用消耗，从而降低工程成本。

水利水电工程虽不设废品等级，但对废品存在返工、修补、加固等要求。一般用返工损失金额来综合反映工程成本的变化。其计算式为

$$R_d = C_d / B$$

式中 R_d——返工损失率，即返工对工程成本的影响程度，一般用千分比表示；

C_d——返工损失金额；

B——施工总产值（亦可用工程总成本）。

7.2.3.6 技术措施变动对工程成本的影响

在施工过程中，施工企业应尽力发挥潜力，采用先进的技术措施，这不仅是企业发展的需要，也是降低工程成本最有效的手段。其对工程成本的影响程度为

$$R_s = \frac{Q_s \cdot S}{C} \cdot W_s$$

式中 R_s——采取技术措施引起的成本降低率；

Q_s——措施涉及的工程量；

S——采取措施后单位工程量节约额；

W_s——措施涉及工程原成本占总成本之比重；

C——工程总成本。

7.2.3.7 施工管理费变动对工程成本的影响

施工管理费在工程成本中占有较大的比重，如能注意精简机构，提高管理工作质量和效率，节省开支，对降低工程成本也具有很大的作用。其成本降低率为

$$R_g = W_g \cdot \Delta G$$

式中 R_g——节约管理费引起的成本降低率；

ΔG——管理费节约百分率；

W_g——管理费占工程成本之比重。

7.2.4 工程成本综合分析

工程成本综合分析，就是从总体对企业成本计划执行的情况进行较为全面概略的分析。

在经济活动分析中，一般把工程成本分为三种：预算成本、计划成本和实际成本。

预算成本，一般为施工图预算所确定的工程成本；在实行招标承包工程中，一般为工程承包合同价款减去法定利润后的成本，因此又称为承包成本。

计划成本是在预算成本的基础上，根据成本降低目标，结合本企业的技术组织措施计划和施工条件等所确定的成本，是企业降低生产消耗费用的奋斗目标，也是企业成本控制的基础。

实际成本是企业在完成建筑安装工程施工中实际发生费用的总和，是反映企业经济活

动效果的综合性指标。计划成本与预算成本之差即为计划成本降低额，实际成本与预算成本之差即为实际成本降低额。将实际成本降低额与计划成本降低额比较，可以考察企业降低成本的执行情况。

工程成本综合分析，一般可分为以下三种情况：

(1) 实际成本与计划成本进行比较，以检查完成降低成本计划情况和各成本项目降低和超支情况。

(2) 对企业各单位进行比较，从而找出差距。

(3) 对本期与前期进行比较，以便分析成本管理的发展情况。

在进行成本分析时，既要看成本降低额，又要看成本降低率。成本降低率是相对数，便于进行比较，看出成本降低水平。

7.2.5 施工成本偏差分析方法

7.2.5.1 横道图法

用横道图法进行施工成本偏差分析，是用不同的横道标识已完工程计划施工成本、拟完工程计划施工成本和已完工程实际施工成本，横道的长度与其金额成正比例。

横道图法的优点是形象、直观、一目了然，一般用于项目的决策分析层次。

7.2.5.2 表格法

表格法是进行偏差分析最常用的一种方法，它具有灵活、适用性强、信息量大、便于计算机辅助施工成本控制等特点。

7.2.6 施工成本控制的方法

施工成本控制的目的是确保施工成本目标的实现，合理地确定施工项目成本控制目标值，包括项目的总目标值、分目标值、各细目标值。在确定施工成本控制目标时，应有科学的依据。

工程项目的施工成本控制目标，要允许对脱离实际的既定施工成本控制目标进行必要的调整，调整并不意味着可以随意改变项目施工成本控制的目标值，而必须按照有关的规定和程序进行。

任务 7.3 施工质量控制

施工质量控制是施工管理的中心内容之一。施工技术组织措施的实施与改进、施工规程的制定与贯彻、施工过程的安排与控制，都是以保证工程质量为主要前提，也是最终形成工程产品质量和工程项目使用价值的保证。

7.3.1 施工质量控制的任务

施工质量控制的中心任务是要通过建立健全有效的质量监督工作体系来确保工程质量达到合同规定的标准和等级要求。根据工程质量形成的时间阶段，施工质量控制又可分为事前控制、事中控制和事后控制。其中，工作的重点应是质量的事前控制。

7.3.1.1 事前控制

(1) 确定质量标准，明确质量要求。

(2) 建立本项目的质量监理控制体系。

(3) 施工场地质检验收。

(4) 建立完善质量保证体系。

(5) 检查工程使用的原材料、半成品。

(6) 施工机械的质量控制。

(7) 审查施工组织设计或施工方案。

7.3.1.2 事中控制

(1) 施工工艺过程质量控制：现场检查、旁站、量测、试验。

(2) 工序交接检查：坚持上道工序不经检查验收不准进行下道工序的原则，检验合格后签署认可才能进行下道工序。

(3) 隐蔽工程检查验收。

(4) 做好设计变更及技术核定的处理工作。

(5) 工程质量事故处理：分析质量事故的原因、责任；审核、批准处理工程质量事故的技术措施或方案，检查处理措施的效果。

(6) 进行质量、技术鉴定。

(7) 建立质量监理日志。

(8) 组织现场质量协调会。

7.3.1.3 事后控制

(1) 组织试车运转。

(2) 组织单位、单项工程竣工验收。

(3) 组织对工程项目进行质量评定。

(4) 审核竣工图及其他技术文件资料，做好工程竣工验收。

(5) 整理工程技术文件资料并编目建档。

7.3.2 施工质量控制的基本方法

7.3.2.1 施工质量控制的工作程序

工程项目施工过程中，为了保证工程施工质量，应对工程建设对象的施工生产进行全过程、全面的质量监督、检查与控制，即包括：事前的各项施工准备工作质量控制，施工过程中的控制，以及各单项工程及整个工程项目完成后，对建筑施工及安装产品质量的事后控制。

7.3.2.2 施工质量控制的途径

在施工过程中，质量控制主要是通过审核有关文件、报告或报表，以及现场质量监督与检查这两条途径来实现的。

1. 审核有关技术文件、报告或报表

(1) 审查进入施工单位的资质证明文件。

(2) 审查开工申请书，检查、核实与控制其施工准备工作质量。

(3) 审查施工方案、施工组织设计或施工计划，保证工程施工质量的技术组织措施。

(4) 审查有关材料、半成品和构配件质量证明文件（出厂合格证、质量检验或试验报告等），确保工程质量有可靠的物质基础。

(5) 审核反映工序施工质量的动态统计资料或管理图表。

(6) 审核有关工序产品质量的证明文件（检验记录及试验报告）、工序交接检查（自检）、隐蔽工程检查、分部分项工程质量检查报告等文件、资料，以确保和控制施工过程的质量。

(7) 审查有关设计变更、修改设计图纸等，确保设计及施工图纸的质量。

(8) 审核有关应用新技术、新工艺、新材料、新结构等的应用申请报告后，确保新技术应用的质量。

(9) 审查有关工程质量缺陷或质量事故的处理报告，确保质量缺陷或事故处理的质量。

(10) 审查现场有关质量技术签证、文件等。

2. 现场质量监督与检查

现场质量监督与检查的内容有：

(1) 开工前的检查，主要是检查开工前准备工作的质量，能否保证正常施工及工程施工质量。

(2) 工序施工中的跟踪监督、检查与控制，主要是监督、检查在工序施工过程中，人员、施工机械设备、材料、施工方法及工艺或操作以及施工环境条件等是否均处于良好的状态，是否符合保证工程质量的要求，若发现有问题应及时纠偏和加以控制。

(3) 对于重要和对工程质量有重大影响的工序，应在现场进行施工过程的旁站监督与控制，确保使用材料及工艺过程质量。

(4) 工序的检查、工序交接检查及隐蔽工程检查。在施工单位自检与互检的基础上，隐蔽工程须经监理人员检查确认其质量后，才允许加以覆盖。

(5) 复工前的检查。当工程因质量问题或其他原因停工后，在复工前应经检查认可后，下达复工指令，方可复工。

(6) 分项、分部工程完成后，应检查认可后，签署中间交工证书。

7.3.2.3 现场质量检验工作的作用

质量检验与控制是施工单位保证和提高工程施工质量十分重要的、必不可少的手段。质量检验的主要作用如下。

(1) 它是质量保证与质量控制的重要手段。

(2) 质量检验为质量分析与质量控制提供了所需依据的有关技术数据和信息。

(3) 保证质量合格的材料与物资，避免因材料、物资的质量问题而导致工程质量事故的发生。

(4) 在施工过程中，可以及时判断质量、采取措施，防止质量问题的延续与积累。

(5) 在某些工序施工过程中，通过旁站监督，在施工过程中采取某些检验手段及所显示的数据，可以判断其施工质量。

7.3.2.4 施工质量控制的方法

施工质量控制的有效方法就是采用全面质量管理。

全面质量管理的基本方法，可以概括为四个阶段，八个步骤和七种工具。

1. 四个阶段

质量管理过程可分成四个阶段，即计划（plan）、执行（do）、检查（check）和措施（act），简称 PDCA 循环。

PDCA 循环的特点有三个：

1）各级质量管理都有一个 PDCA 循环，形成一个大环套小环，一环扣一环，互相制约，互为补充的有机整体。在 PDCA 循环中，一般来说，上一级的循环是下一级循环的依据，下一级的循环是上一级循环地落实和具体化。

2）每个 PDCA 循环，都不是在原地周而复始运转，而是像爬楼梯那样，每一循环都有新的目标和内容，这意味着质量管理，经过一次循环，解决了一批问题，质量水平有了新的提高。

3）在 PDCA 循环中，A 是一个循环的关键，这是因为在一个循环中，从质量目标计划的制订，质量目标的实施和检查，到找出差距和原因。

2. 八个步骤

为了保证 PDCA 循环有效地运转，有必要把循环的工作进一步具体化，一般细分为以下八个步骤。

（1）分析现状，找出存在的质量问题。

（2）分析产生质量问题的原因或影响因素。

（3）找出影响质量的主要因素。

（4）针对影响质量的主要因素，制定措施，提出行动计划，并预计改进的效果。

以上四个步骤是“计划”阶段的具体化。

（5）质量目标措施或计划的实施，这是“执行”阶段，在“执行”阶段，应该按上一步所确定的行动计划组织实施，并给予人力、物力、财力等保证。

（6）调查采取改进措施以后的效果，这是“检查”阶段。

（7）总结经验，把成功和失败的原因系统化、条例化，使之形成标准或制度，纳入有关质量管理的规定中去。

（8）提出尚未解决的问题，转入下一个循环。

最后两个步骤属于“措施”阶段。

3. 七种工具

在以上八个步骤中，需要调查、分析大量的数据和资料，才能做出科学的分析和判断。

常用的七种工具是排列图、直方图、因果分析图、分层法、控制图、散布图、统计分析表。

7.3.2.5　施工质量监督控制手段

施工质量监督控制，一般可采用以下几种手段：

（1）旁站监督。

（2）测量。

（3）试验。

（4）指令文件。

（5）规定的质量监控程序。

7.3.3　质量事故原因分析

7.3.3.1　常见的工程质量事故发生的原因

常见的工程质量事故发生的原因归纳起来主要有以下几方面。

(1) 违背基本建设规律。

基本建设程序是工程项目建设过程及其客观规律的反映，但有些工程不遵守基本建设程序。

(2) 地质勘察原因。

诸如未认真进行地质勘察或勘探时钻孔深度、间距、范围不符合规定要求，地质勘察报告不详细、不准确、不能全面反映实际的地基情况等，从而使得或地下情况不清，或对基岩起伏分布误判等，它们均会导致采用不恰当或错误的基础方案，造成地基不均匀沉降、失稳使上部结构或墙体开裂、破坏，或引发建筑物倾斜、倒塌等质量事故。

(3) 对不均匀地基处理不当。

对软弱土、杂填土、冲填土、大孔性土或湿陷性黄土、膨胀土、红黏土、岩溶、土洞、岩层出露等不均匀地基未进行处理或处理不当是导致重大事故的原因。必须根据不同地基的特点，从地基处理、结构措施、防水措施、施工措施等方面综合考虑，加以治理。

(4) 设计计算问题。

诸如盲目套用图纸，采用不正确的结构方案，计算简图与实际受力情况不符，荷载取值过小，内力分析有误，沉降缝或变形缝设置不当，悬挑结构未进行抗倾覆验算，以及计算错误等，都是引发质量事故的隐患。

(5) 建筑材料及制品不合格。

(6) 施工与管理问题。

(7) 自然条件影响。

空气温度、湿度、暴雨、风、浪、洪水、雷电、日晒等均可能成为质量事故的诱因，施工中应特别注意并采取有效的措施预防。

7.3.3.2 质量事故原因分析

由于影响工程质量的因素众多，所以引起质量事故的原因也错综复杂，应对事故的特征表现，以及事故条件进行具体分析。

工程质量事故原因分析可概括为如下的方法和步骤。

(1) 对事故情况进行细致的现场调查研究，充分了解与掌握质量事故或缺陷的现象和特征。

(2) 收集资料（如施工记录等），调查研究，摸清质量事故对象在整个施工过程中所处的环境及面临的各种情况。

(3) 分析造成质量事故的原因。根据对质量事故的现象及特征，结合施工过程中的条件，进行综合分析、比较和判断，找出造成质量事故的主要原因。对于一些特殊、重要的工程质量事故，还可能进行专门的计算、实验验证分析，分析其原因。

7.3.4 质量事故的处理

7.3.4.1 施工质量事故处理程序

施工质量事故发生后，一般可以按以下程序进行处理，如图 7.5 所示。

(1) 当出现施工质量缺陷或事故后，应停止有质量缺陷部位和其有关部位及下道工序施工，需要时，还应采取适当的防护措施。同时，要及时上报主管部门。

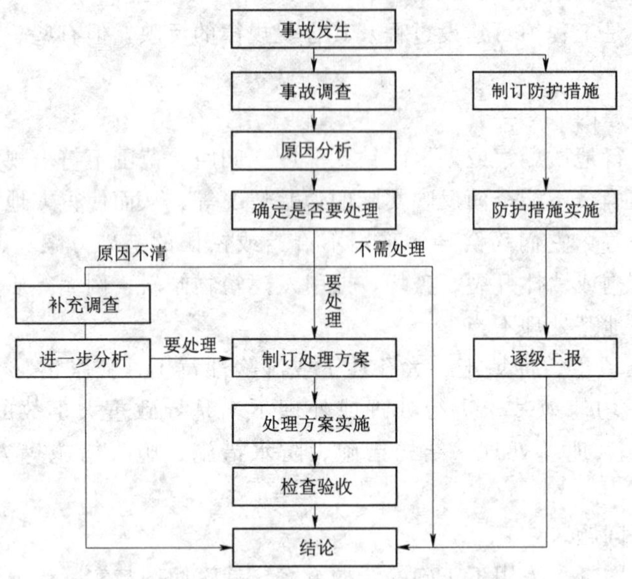

图7.5 质量事故分析处理程序

（2）进行质量事故调查，主要目的是要明确事故的范围、缺陷程度、性质、影响和原因，为事故的分析处理提供依据。调查力求全面、准确、客观。

（3）在事故调查的基础上进行事故原因分析，正确判断事故原因。事故原因分析是确定事故处理措施方案的基础。正确的处理来源于对事故原因的正确判断。只有对调查提供的充分的调查资料、数据进行详细、深入的分析后，才能由表及里、去伪存真，找出造成事故的真正原因。

（4）研究制订事故处理方案。事故处理方案的制订应以事故原因分析为基础。如果某些事故一时认识不清，而且事故一时不致产生严重的恶化，可以继续进行调查、观测，以便掌握更充分的资料数据，做进一步分析，找到原因，以利制订方案。

（5）按确定的处理方案对质量缺陷进行处理。

（6）在质量缺陷处理完毕后，应组织有关人员对处理结果进行严格的检查、鉴定和验收。

7.3.4.2 质量事故处理所需的资料

一般的质量事故处理，必须具备以下资料：

（1）施工质量事故有关的施工图。

（2）与施工有关的资料、记录。

（3）事故调查分析报告。

7.3.4.3 质量事故处理的鉴定验收

质量事故处理的检查鉴定，应严格按施工验收规范及有关标准的规定进行，必要时还应通过实际量测、试验和仪表检测等方法获取必要的数据，才能对事故的处理结果作出确切的检查结论和鉴定结论。

任务7.4 施工安全管理

施工安全管理是施工企业全体职工及各部门同心协力，把专业技术、生产管理、数理统计和安全教育结合起来，为达到安全生产目的而采取各种措施的管理。

7.4.1 安全管理的内容

(1) 建立安全生产制度。

(2) 贯彻安全技术管理。

(3) 坚持安全教育和安全技术培训。

(4) 组织安全检查。

(5) 进行事故处理。

7.4.2 安全生产责任制

7.4.2.1 安全生产责任制的定义

安全生产责任制，是根据“管生产必须管安全”“安全工作、人人有责”的原则，以制度的形式，明确规定各级领导和各类人员在生产活动中应负的安全职责。

7.4.2.2 责任制的制定和考核

施工现场项目经理是项目安全生产第一责任人，对安全生产负全面的领导责任。

对施工现场从事与安全有关的管理、执行和检查工作的人员，特别是独立行使权力开展工作的人员，应规定其职责、权限和相互关系，定期考核。

7.4.2.3 安全生产目标管理

施工现场应实行安全生产目标管理，制订总的安全目标，如伤亡事故控制目标、安全达标、文明施工目标等。制订达标计划，将目标分解到人，责任落实，考核到人。

7.4.2.4 安全技术操作规程

施工现场要建立、健全各种规章制度，除安全生产责任制，还有安全技术交底制度、安全宣传教育制度、安全检查制度、安全设施验收制度、伤亡事故报告制度等。

7.4.2.5 施工现场安全管理网络

施工现场要建立以项目经理为组长、由各职能机构和分包单位负责人与安全管理人员参加的安全生产管理小组，组成自上而下覆盖各单位、各部门、各班组的安全生产管理网络。

7.4.3 安全生产检查

7.4.3.1 安全生产检查内容

施工现场应建立各级安全检查制度，工程项目部在施工过程中应组织定期和不定期的安全检查，主要是查思想、查制度、查教育培训、查机械设备、查安全设施、查操作行为、查劳保用品的作用、查伤亡事故处理等。

7.4.3.2 安全生产检查的要求

(1) 各种安全检查都应该根据检查要求配备力量。

(2) 每种安全检查都应有明确的检查目的和检查项目、内容及标准。

(3) 检查记录是安全评价的依据，因此要认真、详细，特别是对隐患的记录必须具体，如隐患的部位、危险性程度及处理意见等。

(4) 安全检查需要认真、全面地进行系统分析，定性定量进行安全评价。

(5) 整改是安全检查工作重要的组成部分，是检查结果的归宿，整改工作包括隐患登记、整改、复查、销案。

7.4.3.3 施工安全文件编制要求

施工安全管理的有效方法是按照水利水电工程施工安全管理的相关标准、法规和规章、编制安全管理体系文件。编制的要求如下：

(1) 安全管理目标应与企业的安全管理总目标协调一致。

(2) 安全保证计划应围绕安全管理目标，将要素用矩阵图的形式，按职能部门（岗位）进行安全职能各项活动的展开和分解，依据安全生产策划的要求和结果，对各要素在本现场的实施提出具体方案。

(3) 体系文件应经过自上而下、自下而上的多次反复讨论与协调，以提高编制工作的质量，并按标准规定由上报机构对安全生产责任制、安全保证计划的完整性和可行性、工程项目部满足安全生产的保证能力等进行确认，建立并保存确认记录。

(4) 安全保证计划应送上级主管部门备案。

(5) 配备必要的资源和人员，首先应保证适应工作需要的人力资源，适宜而充分的设施、设备，以及综合考虑成本、效益和风险的财务预算。

(6) 加强信息管理、日常安全监控和组织协调。

(7) 由企业按规定对施工现场安全生产保证体系运行进行内部审核，验证和确认安全生产保证体系的完整性、有效性和适合性。

为了有效、准确、及时地掌握安全管理信息，可以根据项目施工的对象、特点要求，编制安全检查表。

7.4.3.4 检查和处理

(1) 检查中发现隐患应该进行登记，作为整改备查依据，提供安全动态分析信息。

(2) 安全检查中查出的隐患除进行登记外，还应发出隐患整改通知单。

(3) 对于违章指挥、违章作业行为，检查人员可以当场指出、进行纠正。

(4) 被检查单位领导对查出的隐患，应立即研究整改方案，按照“三定”原则（即定人、定期限、定措施），立即进行整改。

(5) 整改完成后要及时报告有关部门。

7.4.4 安全生产教育

7.4.4.1 安全生产教育内容

(1) 新工人（包括合同工、临时工、学徒工、实习和代培人员）必须进行公司、工地和班组的三级安全教育。教育内容包括安全生产方针、政策、法规、标准及安全技术知识、设备性能、操作规程、安全制度、严禁事项及本工种的安全操作规程。

(2) 电工、焊工、架工、司炉工、爆破工、机操工及起重工、打桩机和各种机动车辆司机等特殊工种工人，除进行一般安全教育外，还要经过本工种的专业安全技术教育。

(3) 采用新工艺、新技术、新设备施工和调换工作岗位时，对操作人员进行新技术、新岗位的安全教育。

7.4.4.2 安全生产教育的种类

(1) 安全法制教育。

(2) 安全思想教育。

(3) 安全知识教育。

(4) 安全技能教育。

(5) 事故案例教育。

7.4.4.3 特种作业人员培训

根据国家安全生产监督管理总局《特种作业人员安全技术培训考核管理规定》。特种作业是指容易发生事故，对操作者本人、他人的安全健康及设备、设施的安全可能造成重大危害的作业。从事这些作业的人员必须进行专门培训和考核。与建筑业有关的主要种类有：

(1) 电工作业。

(2) 金属焊接切割作业。

(3) 起重机械（含电梯）作业。

(4) 企业内机动车辆驾驶。

(5) 登高架设作业。

(6) 压力容器操作。

(7) 爆破作业。

7.4.4.4 安全生产的经常性教育

施工企业在做好新工人入场教育、特种作业人员安全生产教育和各级领导干部、安全管理干部的安全生产培训的同时，还必须把经常性的安全教育贯穿于管理工作的全过程，并根据接受教育对象的不同特点，采取多层次、多渠道和多种方法。

7.4.4.5 班前安全活动

班组长在班前进行上岗交底、上岗检查，做好上岗记录。

(1) 上岗交底，即对当天的作业环境、气候情况、主要工作内容和各个环节的操作安全要求以及特殊工种的配合等进行交流。

(2) 上岗检查，即查上岗人员的劳动防护情况、每个岗位周围作业环境是否安全无患、机械设备的安全保险装置是否完好有效，以及各类安全技术措施的落实情况等。

任务 7.5 工程招投标与合同管理

7.5.1 施工招标

施工招标过程大致经历招标准备、招标和开标决标三个阶段。

招标投标是确定工程建设承发包关系的一种方式，必须遵循《中华人民共和国招标投标法》。下面就其中几个主要问题做一些说明。

7.5.1.1 招标文件

招标文件是发包单位为了选择承包单位对标所做的说明，是承发包双方建立合同协议的基础。

其主要内容有：

(1) 工程综合说明。

(2) 工程设计和技术说明。

(3) 工程量清单和单价表。

(4) 材料供应方式。

(5) 工程价款支付方式。

(6) 投标须知。

(7) 合同主要条件。

7.5.1.2 标底

标底是招标工程的预期价格，它是上级主管部门核实建设规模，建设单位预计工程造价和衡量投标单位标价的依据。

7.5.1.3 招标

招标申请经主管部门批准，招标文件准备好以后，就可以开始招标。

招标阶段要进行的工作有：发布招标消息；接受投标单位的投标申请；对投标单位进行资格预审；发售招标文件，组织现场踏勘、工程交底和答疑；接受投标单位递送的标书等。

7.5.1.4 开标

开标由招标单位主持，邀请投标单位、当地公证机关和有关部门代表参加。

经公证人确认标书密封完好，封套书写符合规定，当众由工作人员一一拆封，宣读标书要点，如标价、工期、质量保证、安全措施等，逐项登记，造表成册，经读标人、登记人、公证人签名，作为开标正式记录，由招标单位保存。

7.5.1.5 评标决标

开标以后，首先从投标手续、投标资格等方面排除无效标书，并经公证人员确认，然后由评标小组就标价、工期、质量保证、技术方案、信誉、财务保证等方面进行审查评议。

7.5.2 施工投标

施工单位在决定参加投标以后，为了在竞争的投标环境中取得较好的结果，必须认真做好各项投标工作，主要有：建立或组成投标工作机构；按要求办理投标资格审查；取得招标文件；研究招标文件；弄清投标环境，制定投标策略；编制投标文件；按时报送投标文件；参加开标、决标过程中的有关活动。现就几个主要问题加以说明。

7.5.2.1 建立或组成投标工作机构

为了适应招标投标工作的需要，施工企业应设立投标工作机构，其成员应由企业领导以及熟悉招投标业务的技术、计划、合同、预算和供应等方面的专业人员组成。

投标工作班子的成员不宜过多，最终决策的核心人员，宜限制在企业经理、总工程师和合同预算部门负责人范围之内，以利投标报价的保密。

7.5.2.2 研究招标文件

仔细研究招标文件，弄清其内容和要求，以便全面部署投标工作。

7.5.2.3 弄清投标环境

投标环境主要是指投标工程的自然、经济、社会条件以及投标合作伙伴、竞争对手和谈判对手的状况。弄清这些情况，对于正确估计工程成本和利润，权衡投标风险，制定投标策略，都有重要作用。

7.5.2.4 制定投标策略

施工企业为了在竞争的投标活动中取得满意的结果，必须在弄清内外环境的基础上，制定相应的投标策略，借以指导投标过程中的重要活动。

7.5.2.5 编制投标文件

投标文件的主要内容应包括：施工组织设计纲要，工程报价计算，投标文件说明和附表等部分。

7.5.3 施工合同

7.5.3.1 施工合同的概念

施工合同即建筑安装工程承包合同，是建设单位（发包方）和施工单位（承包方）为完成商定的建筑安装工程，明确相互权利、义务关系的合同。

7.5.3.2 施工合同的特点

（1）合同标的特殊性。

（2）合同履行期限的长期性。

（3）合同内容的多样性和复杂性。

（4）合同管理的严格性。

7.5.3.3 施工合同的作用

（1）明确建设单位和施工企业在施工中的权利和义务。

（2）有利于对工程施工的管理。

（3）有利于建筑市场的培育和发展。

7.5.3.4 订立施工合同应遵守的原则

（1）遵守国家法律、法规和计划的原则。

（2）平等互利、协商一致的原则。

7.5.3.5 订立施工合同的程序

施工合同作为经济合同的一种，其订立也应经过要约和承诺两个阶段。如果没有特殊的情况，工程建设的施工都应通过招标投标确定施工企业。

7.5.4 施工合同的履行和管理

7.5.4.1 施工合同的履行

施工合同的履行，是指合同当事人，根据合同规定的各项条款，实现各自权利、履行各自义务的行为。施工合同一旦生效，对双方当事人均有法律约束力，双方当事人应当严格履行。

施工合同的工程竣工、验收和竣工结算是合同履行的三个基本环节。

7.5.4.2 施工合同的管理

施工合同的管理，是指各级市场监督管理机关、建设行政主管机关和金融机构，以及工程发包单位、社会监理单位、承包企业依照法律和行政法规、规章制度，采取法律的、行政的手段，对施工合同关系进行组织、指导、协调及监督，保护施工合同当事人的合法权益，处理施工合同纠纷，防止和制裁违法行为，保证施工合同法规的贯彻实施等一系列活动。

（1）施工合同的签订管理。

（2）施工合同的履行管理。

在合同履行过程中，为确保合同各项指标的顺利实现，承包方需建立一套完整的施工合同管理制度，主要有：

1）检查制度。

2）奖惩制度。

3）统计考核制度。

（3）施工合同的档案与信息管理。

7.5.5 施工索赔管理

7.5.5.1 索赔的概念

索赔是当事人在合同实施过程中，根据法律、合同规定及惯例，对并非由于自己的过错，而应由对方承担责任的情况所造成的损失，向对方提出给予补偿或赔偿的权利要求。

7.5.5.2 索赔与变更的关系

索赔与变更是既有联系也有区别的两个概念。

（1）索赔与变更的相同点。对索赔和变更的处理往往都是由于施工企业完成了工程量表中没有约定的工作，或者在施工过程中发生了意外事件，需要施工单位额外处理时，由建设单位或者监理工程师按照合同的有关规定给予施工企业一定的费用补偿或者批准展延工期。

（2）索赔与变更的区别。变更是建设单位或者监理工程师提出变更要求（指令）后，主动与施工企业协商确定一个补偿额付给施工企业；而索赔则是施工企业根据法律和合同的规定，对他认为有权得到的权益，主动向建设单位提出的要求。

7.5.5.3 施工索赔的起因

施工索赔起因很多，但归结起来，主要有：

（1）建设单位违约。

（2）甲方代表（监理工程师）指令或处置不当。

（3）合同文件的缺陷。

（4）合同变更。

（5）不可抗力事件。

7.5.5.4 施工索赔的程序

（1）有正当的索赔理由。

（2）发出索赔通知。

（3）索赔的批准。

任务7.6 施工项目信息管理

7.6.1 施工项目信息管理的概念

施工项目信息管理是指项目经理部以项目管理为目标，以施工项目信息为管理对象，所进行的有计划地收集、处理、储存、传递、应用各类各专业信息等一系列工作的总和。

项目经理部为实现项目管理的需要、提高管理水平，应建立项目信息管理系统，优化信息结构，通过动态、高速度、高质量地处理大量项目施工及相关信息和有组织的信息流通，实现项目管理信息化，为做出最优决策，取得良好经济效果和预测未来提供科学依据。

7.6.2 施工项目信息的主要分类

施工项目信息的主要分类见表 7.1。

表 7.1 施工项目信息的主要分类

<table>
<tr><th>依据</th><th>信息分类</th><th>主 要 内 容</th></tr>
<tr><td rowspan="4">管理目标</td><td>成本控制信息</td><td>与成本控制直接有关的信息：
施工项目成本计划、施工任务单、限额领料单、施工定额、成本统计报表、对外分包经济合同、原材料价格、机械设备台班费、人工费、运杂费等</td></tr>
<tr><td>质量控制信息</td><td>与质量控制直接有关的信息：
国家或地方政府部门颁布的有关质量政策、法令、法规和标准等，质量目标的分解图表、质量控制的工作流程和工作制度、质量管理体系构成、质量抽样检查数据、各种材料和设备的合格证、质量证明书、检测报告等</td></tr>
<tr><td>进度控制信息</td><td>与进度控制直接有关的信息：
施工项目进度计划、施工定额、进度目标分解图表、进度控制工作流程和工作制度、材料和设备到货计划、各分部分项工程进度计划、进度记录等</td></tr>
<tr><td>安全控制信息</td><td>与安全控制直接有关的信息：
施工项目安全目标、安全控制体系、安全控制组织和技术措施、安全教育制度、安全检查制度、伤亡事故统计、伤亡事故调查与分析处理等</td></tr>
<tr><td rowspan="5">生产要素</td><td>劳动力管理信息</td><td>劳动力需用量计划、劳动力流动、调配等</td></tr>
<tr><td>材料管理信息</td><td>材料供应计划、材料库存、储备与消耗、材料定额、材料领发及回收台账等</td></tr>
<tr><td>机械设备管理信息</td><td>机械设备需求计划、机械设备合理使用情况、保养与维修记录等</td></tr>
<tr><td>技术管理信息</td><td>各项技术管理组织体系、制度和技术交底、技术复核、已完工程的检查验收记录等</td></tr>
<tr><td>资金管理信息</td><td>资金收入与支出金额及其对比分析、资金来源渠道和筹措方式等</td></tr>
<tr><td rowspan="4">管理工作流程</td><td>计划信息</td><td>各项计划指标、工程施工预测指标等</td></tr>
<tr><td>执行信息</td><td>项目施工过程中下达的各项计划、指示、命令等</td></tr>
<tr><td>检查信息</td><td>工程的实际进度、成本、质量的实施状况等</td></tr>
<tr><td>反馈信息</td><td>各项调整措施、意见、改进的办法和方案等</td></tr>
<tr><td rowspan="2">信息来源</td><td>内部信息</td><td>来自施工项目的信息：如工程概况、施工项目的成本目标、质量目标、进度目标、施工方案、施工进度、完成的各项技术经济指标、项目经理部组织、管理制度等</td></tr>
<tr><td>外部信息</td><td>来自外部环境的信息：如监理通知、设计变更、国家有关的政策及法规、国内外市场的有关价格信息、竞争对手信息等</td></tr>
<tr><td rowspan="2">信息稳定程度</td><td>固定信息</td><td>在较长时期内，相对稳定、变化不大、可以查询得到的信息，各种定额、规范、标准、条例、制度等，如施工定额、材料消耗定额、施工质量验收统一标准、施工质量验收规范、生产作业计划标准、施工现场管理制度、政府部门颁布的技术标准、不变价格等</td></tr>
<tr><td>流动信息</td><td>随施工生产和管理活动不断变化的信息，如施工项目的质量、成本、进度的统计信息、计划完成情况、原材料消耗量、库存量、人工工日数、机械台班数等</td></tr>
</table>

续表

依据	信息分类	主 要 内 容
信息性质	生产信息	有关施工生产的信息，如施工进度计划、材料消耗等
	技术信息	技术部门提供的信息，如技术规范、施工方案、技术交底等
	经济信息	如施工项目成本计划、成本统计报表、资金耗用等
	资源信息	如资金来源、劳动力供应、材料供应等
信息层次	战略信息	提供给上级领导的重大决策性信息
	策略信息	提供给中层领导部门的管理信息
	业务信息	基层部门例行性工作产生或需用的日常信息

7.6.3 施工项目信息的表现形式

施工项目信息的表现形式见表7.2。

表7.2 施工项目信息的表现形式

表现形式	示 例
书面形式	设计图纸、说明书、任务书、施工组织设计、合同文本、概预算书、会计、统计等各类报表、工作条例、规章、制度等。 会议纪要、谈判记录、技术交底记录、工作研讨记录等。 个别谈话记录，如监理工程师口头提出、电话提出的工程变更要求，在事后应及时追补的工程变更文件记录、电话记录等
技术形式	由电报、录像、录音、磁盘、光盘、图片、照片等记载储存的信息
电子形式	电子邮件、Web网页

7.6.4 施工项目信息的流动形式

施工项目信息的流动形式见表7.3。

表7.3 施工项目信息的流动形式

流动形式	内 容
自上而下流动	信息源在上，接收信息者为其直接下属。信息流一般为逐级向下，即：决策层→管理层→作业层；项目经理部→项目各管理部门（人员）→施工队、班组。信息内容：主要是项目的控制目标、指令、工作条例、办法、规章制度、业务指导意见、通知、奖励和处罚
自下而上流动	信息源在下，接收信息者在其上一层次。信息流一般为逐级向上，即：作业层→管理层→决策层；施工队班组→项目各管理部门（人员）→项目经理部。信息内容：主要是项目施工过程中，完成的工程量、进度、质量、成本、资金、安全、消耗、效率等原始数据或报表，工作人员工作情况，下级为上级需要提供的资料、情报以及提出的合理化建议等
横向流动	信息源与接收信息者在同一层次。在项目管理过程中，各管理部门因分工不同形成了各专业信息源，同时彼此之间还根据需要相互接收信息。信息流在同一层次横向流动，沟通信息，互相补充。信息内容根据需要互通有无，如财会部门成本核算需要其他部门提供施工进度、人工材料消耗、能源利用、机械使用等信息
内外交流	信息源：项目经理部与外部环境单位互为信息源和接收信息者，主要的外部环境单位有领导及有关职能部门、建设单位（业主）、该项目监理单位、设计单位、物资供应单位、银行、保险公司、质量监督部门，有关国家管理部门、业务部门、城市规划部门、城市交通、消防、环保部门、供水、供电、通信部门、公安部门、工地所在街道居民委员会、新闻单位。信息流：项目经理部与外部环境部门进行内外交流。信息内容：满足本项目管理需要的信息；满足与环境单位协作要求的信息；按国家规定的要求相互提供的信息；项目经理部为宣传自己、提升信誉、竞争力，向外界主动发布的信息

续表

流动形式	内　　容
信息中心辐射流动	由于上述施工项目专业信息多，信息流动路线交错复杂、通过环节多，在项目经理部应设立项目信息管理中心。信息中心收集、汇总信息，加工、分析信息，提供分发信息的集散中心职能及管理信息职能。信息中心既是施工项目内部、外部所有信息源发出信息的接收者，同时又是负责向各信息需求者提供信息的信息源。信息中心以辐射状流动路线集散信息沟通信息。信息中心可将一种信息向多位需求者提供、使其起多种作用，还可为一项决策提供多渠道来源的各种信息，减少信息传递障碍，提高信息流速，实现信息共享、综合运用

7.6.5 施工项目信息管理的基本要求

(1) 项目经理部应建立项目信息管理系统，对项目实施全方位、全过程信息化管理。

(2) 项目经理部可以在各部门设信息管理员或兼职信息管理人员，也可以单设信息管理人员或信息管理部门。信息管理人员都须经有资质的单位培训后，才能承担项目信息管理工作。

(3) 项目经理部应负责收集、整理、管理本项目范围内的信息。实行总分包的项目，项目分包人应负责分包范围的信息收集、整理，承包人负责汇总、整理分包人的全部信息。

(4) 项目经理部应及时收集信息，并将信息准确、完整、及时地传递给使用单位和人员。

(5) 项目信息收集应随工程的进展进行，保证真实、准确、具有时效性，经有关负责人审核签字，及时存入计算机，纳入项目管理信息系统。

7.6.6 施工项目信息结构及内容

施工项目信息结构及内容如图7.6所示。

施工项目信息分为项目公共信息和施工项目个体信息。其中，项目公共信息分为政策法规信息、自然条件信息、市场信息和其他公共信息。政策法规信息包括有关的政策、法律、法规和部门、企业的规章制度。自然条件信息包括工程项目所在地气象、地貌、水文地质资料等。市场信息包括材料设备的供应商及价格信息、新技术、新工艺等。施工项目个体信息分为工程概况信息、商务信息、组织协调信息、施工记录信息、技术管理信息、进度控制信息、质量控制信息、成本控制信息、安全控制信息、合同管理信息、资源管理信息、现场管理信息、风险管理信息、行政管理信息、竣工验收信息、考核评价信息和其他信息。工程概况信息包括工程实体概况、工程造价计算书、场地与环境交通概况、参与建设各单位概况、社会环境、施工合同等。商务信息包括施工图预算、中标的投标书、合同、工程款、索赔等。组织协调信息包括项目内部关系协调、项目经理部与外层关系协调等。施工记录信息包括施工日志、质量检查记录、材料设备进场及消耗记录、关于项目施工监理指令、设计变更记录等。技术管理信息包括：材料、成品、半成品、构配件、设备出厂质量证明，施工试验、预检、隐蔽工程验收、基础、结构验收、设备安装等记录，施工组织设计，技术交底，工程质量验收，设计变更洽商记录，竣工验收资料，竣工图等。进度控制信息包括进度计划及进度统计分析、WBS作业包、WBS界面文件等。质量控制信息包括：国家或地方政府部门颁布的有关质量政策、法令、法规和标准等，质量目标的分解图表、质量控制的工作流程和工作制度、质量管理体系构成、质量抽样检查数据、各

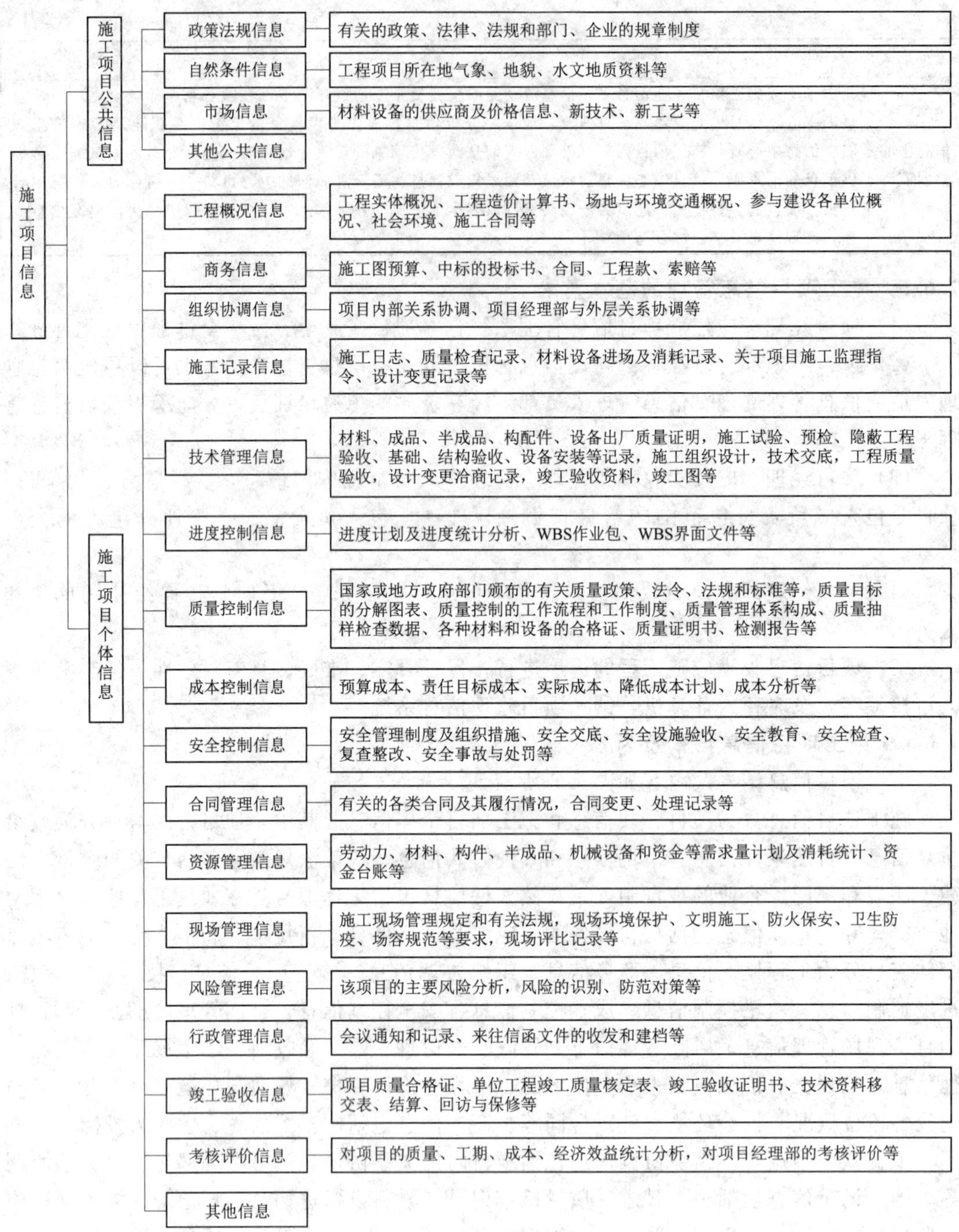

图 7.6　施工项目信息结构及内容

种材料和设备的合格证、质量证明书、检测报告等。成本控制信息包括预算成本、责任目标成本、实际成本、降低成本计划、成本分析等。安全控制信息包括安全管理制度及组织措施、安全交底、安全设施验收、安全教育、安全检查、复查整改、安全事故与处罚等。合同管理信息包括有关的各类合同及其履行情况，合同变更、处理记录等。资源管理信息包括劳动力、材料、构件、半成品、机械设备和资金等需求量计划及消耗统计、资金台账等。现场管理信息包括施工现场管理规定和有关法规，现场环境保护、文明施工、防火保安、卫生防疫、场容规范等要求，现场评比记录等。风险管理信息包括该项目的主要风险分析，风险的识别、防范对策等。行政管理信息包括会议通知和记录、来往信函文件的收发和建档等。竣工验收信息包括项目质量合格证、单位工程竣工质量核定表、竣工验收证明书、技术资料移交表、结算、回访与保修等。考核评价信息包括对项目的质量、工期、成本、经济效益统计分析、对项目经理部的考核评价等。

任务 7.7　施工沟通与协调

在项目管理中，沟通与协调是进行各方而管理的纽带，是在人、思想和信息之间建立的联系，它对于项目取得成功是必不可少的，而且是非常重要的。沟通与协调可使矛盾的各个方面居于统一体中，使系统结构均衡，使项目实施和运行过程顺利。

沟通是组织协调的手段，是解决组织成员间障碍的基本方法。协调的程度和效果常依赖于各项目参加者之间沟通的程度。

工程项目管理应该着重做好以下各项沟通与协调工作。

7.7.1　内部人际关系的协调

项目经理所领导的项目经理部是项目组织的领导核心。通常，项目经理不直接控制资源和具体工作，而是由项目经理部的职能人员具体实施控制，这就使项目经理和职能人员之间以及各职能人员之间存在界限和协调。

项目经理的协调工作包括：

（1）项目经理与技术专家的沟通。技术专家往往对基层的具体施工了解较少，只注意技术方案的优化，注重数字，对技术的可行性过于乐观，而不注重社会、心理方面的影响。项目经理应积极引导，发挥技术人员的作用，同时注重全局、综合和方案实施的可行性。

（2）建立完善、实用的项目管理系统。明确各自的工作职责，设计比较完备的管理工作流程，明确规定项目中正式沟通方式、渠道和时间，使大家按程序、规则办事。

（3）建立项目激励机制。由于项目的特点，项目经理更应注意从心理学、行为科学的角度激励各个成员的积极性。例如：采用民主的工作作风，不独断专行；改进工作关系，关心各个成员，礼貌待人；公开、公平、公正地处理事务；在向各级和职能部门提交的报告中，应包括对项目组织成员的评价和鉴定意见，项目结束时应对成绩显著的成员进行表彰等。

（4）形成比较稳定的项目管理队伍。以项目作为经营对象的企业，应形成比较稳定的项目管理队伍，这样尽管项目是一次性的、常新的，但项目小组却相对稳定，各成员相互熟悉、彼此了解，可大大减少组合摩擦。

（5）建立公平、公正地考评工作业绩的方法、标准，并定期客观、慎重地对成员进行业绩考评，在其中排除偶然、不可控制和不可预见等因素。

7.7.2　项目经理部与企业管理层关系的协调

项目经理部与企业管理层关系的协调依靠严格执行《项目管理目标责任书》。项目经理部受企业有关职能部、室的指导，或者既是上下级行政关系，又是服务与服从、监督与执行的关系，即企业层次生产要素的调控体系要服务于项目层次生产要素的优化配置，同时项目生产要素的动态管理要服从于企业主管部门的宏观调控。企业要对项目管理全过程进行必要的监督调控，项目经理部要按照与企业签订的责任状，尽职尽责、全力以赴地抓好项目的具体实施。

7.7.3 项目经理部与发包人之间的协调

发包人代表项目的所有者，对项目具有特殊的权利，要取得项目的成功，必须获得发包人的支持。

项目经理首先要理解总目标和发包人的意图，反复阅读合同或项目任务文件。对于未能参加项目决策过程的项目经理，必须了解项目构思的基础、起因、出发点，了解目标设计和决策背景，否则可能对目标及完成任务有不完整甚至无效的理解，会给工作造成很大的困难。如果项目管理和实施状况与最高管理层或发包人的预期要求不同，发包人将会干预，将要改变这种状态。所以，项目经理必须花很大力气来研究发包人的意图、研究项目目标。

让发包人一起投入项目全过程，而不仅仅是给他一个结果竣工的工程。尽管有预定的目标，但项目实施必须执行发包人的指令，使发包人满意。发包人通常是其他专业或领域的人，可能对项目懂得很少，解决这个问题比较好的办法是：使发包人理解项目和项目实施的过程，减少非程序干预；项目经理做出决策时要考虑到发包人的期望，经常了解发包人所面临的压力，以及发包人对项目关注的焦点；尊重发包人，随时向发包人报告情况；加强计划性和预见性，让发包人了解承包商和非程序干预的后果。

项目经理有时会遇到发包人所属的其他部门或合资者各方同时来指导项目的情况，这是非常棘手的。项目经理应很好地倾听这些人的忠告，对他们做耐心的解释说明，但不应当让他们直接指导实施和指挥相关组织成员。否则，会有严重损害整个工程实施效果的危险。

项目经理部协调与发包人之间关系的有效方法是执行合同。

7.7.4 项目经理部与监理机构关系的协调

项目经理部应及时向监理机构提供有关生产计划、统计资料、工程事故报告等，应按《建设工程监理规范》(GB/T 50319—2013) 的规定和施工合同的要求，接受监理单位的监督和管理，做好协作配合。项目经理部应充分了解监理工作的性质、原则，尊重监理人员，对其工作积极配合，始终坚持双方目标一致的原则，并积极主动地工作。在合作过程中，项目经理部应注意现场签证工作，遇到设计变更、材料改变或特殊工艺以及隐蔽工程等应及时得到监理人员的认可，并形成书面材料，尽量减少与监理人员的摩擦。项目经理部应严格地组织施工，避免在施工中出现敏感问题。与监理人员意见不一致时，双方应以进一步合作为前提，在相互理解、相互配合的原则下进行协商，项目经理部应尊重监理人员或监理机构的最后决定。

7.7.5 项目经理部与设计单位关系的协调

项目经理部应在设计交底、图纸会审、设计洽商与变更、地基处理、隐蔽工程验收和交工验收等环节与设计单位密切配合，同时应接受发包人和监理工程师对双方的协调。项目经理部应注重与设计单位的沟通，对设计中存在的问题应主动与设计单位磋商，积极支持设计单位的工作，同时也争取设计单位的支持。项目经理部在设计交底和图纸会审工作中应与设计单位进行深层次交流，准确把握设计，对设计与施工不吻合或设计中的隐含问题及时予以澄清和落实；对于一些争议性问题，应巧妙地利用发包人与监理工程师的职能，避免正面冲突。

7.7.6 项目经理部与材料供应人关系的协调

项目经理部与材料供应人应该依据供应合同，充分利用价格招标、竞争机制和供求机制做好协作配合。项目经理部应在项目管理实施规划的指导下，认真做好材料需求计划，并认真调查市场，在确保材料质量和供应的前提下选择供应人。为保证双方的顺利合作，项目经理部应与材料供应人签订供应合同，并力争使供应合同具体、明确。为了减少资源采购风险、提高资源利用效率，供应合同应就数量、规格、质量、时间和配套服务等事项进行明确。项目经理部应有效利用价格机制和竞争机制与材料供应人建立可靠的供求关系，确保材料质量和使用服务。

7.7.7 项目经理部与分包人关系的协调

项目经理部与分包人应按分包合同执行，正确处理技术关系、经济关系，正确处理项目进度控制、质量控制、安全控制、成本控制、生产要素管理和现场管理中的协调关系。项目经理部还应对分包单位的工作进行监督和支持。项目经理部应加强与分包人的沟通，及时了解分包人的情况，发现问题及时处理，并以平等的合同双方的关系支持承包人的活动，同时加大监管力度，避免问题的复杂化和扩大化。

7.7.8 项目经理部与其他公用部门有关单位关系的协调

项目经理部与其他公用部门有关单位应通过加强计划性和通过发包人或监理工程进行协调。

其具体内容包括：要求作业队伍到建设行政主管部门办理分包队伍施工许可证，到劳动管理部门办理劳务人员就业证；办理企业安全资格认可证、安全施工许可证、项目经理安全生产资格证等手续；办理施工现场消防安全资格认可证，到交通管理部门办理通行证；到当地户籍部门办理劳务人员暂住手续；到当地城市管理部门办理临建审批手续；到当地政府质量监督管理部门办理建设工程质量监督通知单等手续；到市容监察部门审批运输不遗漏、污水不外流、垃圾清运、场容与场貌等的保证措施方案和通行路线图；配合环保部门做好施工现场的噪声检测工作；因建设需要砍伐树木时必须提出申请，报市园林主管部门审批；大型项目施工或者在文物较密集地进行施工，项目经理应事先与市文物部门联系，在施工范围有可能埋藏文物的地方进行文物调查或者勘察工作，若发现文物，应共同商定处理办法；持建设项目批准文件、地形图、建筑总平面图、用电量资料等到城市供电管理部门办理施工用电报装手续；自来水供水方案经城市规划管理部门审查通过后，应在自来水管理部门办理报装手续，并委托其进行相关的施工图设计，同时应准备建设用地许可证、地形图、总平面图、基础平面图、施工许可证、供水方案批准文件等资料。

项目经理部与外层关系的协调应在严格守法、遵守公共道德的前提下，充分利用中介组织和社会管理机构的力量。外层关系的协调应以公共原则为主，在确保自己工作合法性的基础上，公平、公正地处理工作关系，提高工作效率。

完成一个成功的项目，除了承担基本职责外，项目经理还应具备一系列技能。他们应当懂得如何激励员工的士气、如何取得客户的信任；同时，他们还应具有较强的领导能力、培养员工的能力、良好的沟通能力和人际交往能力，以及处理和解决问题的能力。工程项目管理中协调工作重要却琐碎，突出了各专业协调对项目顺利实施的重要性，项目经理要加强这方面的管理，同时做好每一部分工作，才有可能把问题隐患消灭在萌芽状态，保证圆满完成工程项目目标。

项目 8

施 工 组 织

任务 8.1 施 工 组 织 设 计

施工组织设计是研究施工条件、选择施工方案、对工程施工全过程实施组织和管理的指导性文件，是编制工程投资估算、设计概算和招标投标文件的主要依据。本任务仅对初步设计中的施工组织设计进行介绍。

根据初步设计编制规程和施工组织设计规范，初步设计的施工组织设计应包含以下八个方面的内容。

8.1.1 施工条件分析

施工条件包括工程条件、自然条件、物质资源供应条件以及社会经济条件等，主要有：

(1) 工程所在地点，对外交通运输，枢纽建筑物及其特征。

(2) 地形、地质、水文、气象条件，主要建筑材料来源和供应条件。

(3) 当地水源、电源情况，施工期间通航、过木、过鱼、供水、环保等要求。

(4) 对工期、分期投产的要求。

(5) 施工用地、居民安置以及与工程施工有关的协作条件等。

8.1.2 施工导流

施工导流设计应在综合分析导流条件的基础上，确定导流标准，划分导流时段，明确施工分期，选择导流方案、导流方式和导流建筑物，进行导流建筑物的设计，提出导流建筑物的施工安排，拟定截流、度汛、拦洪、排冰、通航、过木、下闸封堵、供水、蓄水、发电等措施。

8.1.3 主体工程施工

主体工程包括挡水、泄水、引水、发电、通航等主要建筑物，应根据各自的施工条件，对施工程序、施工方法、施工强度、施工布置、施工进度和施工机械等问题，进行分析比较和选择。

8.1.4 施工交通运输

(1) 对外交通运输：是在弄清现有对外水陆交通和发展规划的情况下，根据工程对外运输总量、运输强度和重大部件的运输要求，确定对外交通运输方式，选择线路的标准和线路，规划沿线重大设施和与国家干线的连接，并提出场外交通工程的施工进度安排。

(2) 场内交通运输：应根据施工场区的地形条件和分区规划要求，结合主体工程的施工运输，选定场内交通主干线路的布置和标准，提出相应的工程量。施工期间，若有船、木过坝问题，应做出专门的分析论证，提出解决方案。

8.1.5 施工工厂设施和大型临建工程

(1) 施工工厂设施，应根据施工的任务和要求，分别确定各自位置、规模、设备容量、生产工艺、工艺设备、平面布置、占地面积、建筑面积和土建安装工程量，提出土建安装进度和分期投产的计划。

(2) 大型临建工程，要作出专门设计，确定其工程量和施工进度安排。

8.1.6 施工总布置：主要任务

(1) 对施工场地进行分期、分区和分标规划。

(2) 确定分期分区布置方案和各承包单位的场地范围。

(3) 对土石方的开挖、堆料、弃料和填筑进行综合平衡，提出各类房屋分区布置一览表。

(4) 估计用地和施工征地面积，提出用地计划。

(5) 研究施工期间的环境保护和植被恢复的可能性。

8.1.7 施工总进度：合理安排施工进度

(1) 必须仔细分析工程规模、导流程序、对外交通、资源供应、临建准备等各项控制因素，拟定整个工程的施工总进度。

(2) 确定项目的起讫日期和相互之间的衔接关系。

(3) 对导流截流、拦洪度汛、封孔蓄水、供水发电等控制环节，工程应达到的形象面貌，需作出专门的论证。

(4) 对土石方、混凝土等主要工种工程的施工强度，以及劳动力、主要建筑材料、主要机械设备的需用量，要进行综合平衡。

(5) 要分析施工工期和工程费用的关系，提出合理工期的推荐意见。

8.1.8 主要技术供应计划

(1) 根据施工总进度的安排和定额资料的分析，对主要建筑材料和主要施工机械设备，列出总需要量和分年需要量计划。

(2) 在施工组织设计中，必要时还需提出进行试验研究和补充勘测的建议，为进一步深入设计和研究提供依据。

(3) 在完成上述设计内容时，还应提出相应的附图。

任务8.2 施工进度计划

各设计阶段施工总进度的任务包括：分析工程所在地区的自然条件、社会经济条件、工程施工特性和可能的施工进度方案，研究确定关键性工程的施工分期和施工程序，协调平衡安排其他工程的施工进度，使整个工程施工前后兼顾、互相衔接、均衡生产，最大限度地合理使用资金、劳力、设备、材料，在保证工程质量和施工安全前提下，按时或提前建成投产、发挥效益，满足国家经济发展的需要。其可分为以下三个阶段：

（1）可行性研究阶段。

（2）初步设计阶段。

（3）技术设计（招标设计）阶段。

8.2.1 施工总进度编制原则

（1）认真贯彻执行党的方针政策、国家法令法规、上级主管部门对本工程建设的指示和要求。

（2）密切施工组织设计各专业的联系，统筹考虑，以关键性工程的施工分期和施工程序为主导，协调安排其他各单项工程的施工进度。

（3）在充分掌握及认真分析基本资料的基础上，尽可能采用先进的施工技术和设备，最大限度地组织均衡施工，加快施工进度，保证工程质量和安全施工，根据实际施工情况及时地调整和落实施工总进度。

（4）充分重视和合理安排准备工程的施工进度，在主体工程开工前，相应各项准备工作应基本完成，为主体工程开工和顺利进行创造条件。

（5）对高坝大库大容量的工程，应研究分期建设或分期蓄水的可能性，尽可能减少第一批机组投产前的工程投资。

施工总进度描述的类型：施工进度计划的设计成果，常以图表的形式来表述，有以下几种类型：

（1）横道图。

（2）网络图。

（3）横道图与网络图结合。

8.2.2 施工进度计划的编制

8.2.2.1 编制施工进度计划

（1）收集基本资料。

（2）编制轮廓性施工进度。

（3）编制控制性施工进度。

（4）比较施工进度方案。

（5）编制施工总进度表。

（6）编写施工总进度研究报告。

8.2.2.2 编制轮廓性施工进度

编制轮廓性施工进度的方法如下：

（1）配合水工设计研究，选定代表性水工方案，了解主要建筑物的施工特性，初步选定关键性的工程项目。

（2）对初步掌握的基本资料进行粗略分析，根据对外交通和施工总布置的规模和难易程度，拟定准备工程的工期。

（3）对以拦河坝为主要主体建筑物的工程，根据初步拟定的导流方案，对主体建筑物进行施工分期规划，确定截流和主体工程下基坑的施工日期。

（4）根据已建工程的施工进度指标，结合本工程的具体条件，规划关键性工程项目的施工期限，确定工程受益的日期和总工期。

(5) 对其他主体建筑物施工进度做粗略的分析，绘制轮廓性施工进度表。

8.2.2.3 编制控制性施工进度

控制性施工进度表应列出控制性施工进度指标的主要工程项目，明确工程的开工、截流日期，反映主体建筑物的施工程序和开工、竣工日期，标明大坝各期上升高程、工程受益日期和总工期，以及主要工种的施工强度。

(1) 分析选定关键性工程项目，选定关键性工程项目的方法如下：

1) 分析工程所在地区的自然条件，即研究水文、气象、地形、地质等基本资料对工程施工的影响。

2) 分析主体建筑物的施工特性，根据水工建筑物图纸，研究大坝坝型、高度、宽度和施工特点，研究地下厂房跨度、高度和可能的出渣通道，引水隧洞的洞径、长度、可能开挖方式，可否有施工支洞等。

3) 分析主体建筑物的工程量，对各建筑物的工程量进行分析，如河床水上部分或水下部分，右岸和左岸，上游和下游，以及在某些特征高程以上或以下的工程量。

4) 选定关键性工程，通过以上分析，用施工进度参考指标，粗估各项主体建筑物的控制工期，即可初步选定控制工程受益工期的关键性工程。

随着控制性施工进度编制工作的深入，可能发现新的关键性工程，于是控制性施工进度就应相应调整。

(2) 初拟控制性施工进度表。初拟控制性施工进度的步骤和方法如下：

1) 拟定截流时段。

2) 拟定底孔（导流洞）封堵日期和水库蓄水时间。

3) 拟定大坝施工程序。

4) 拟定坝基开挖及基础处理工期。

5) 确定坝体各期上升高程的一般方法。

6) 安排地下工程进度。

7) 确定机组安装工期等。

(3) 编制控制性进度表，可按以下步骤进行：

1) 以导流工程和拦河坝工程为主体，明确截流日期、不同时期坝体上升高程和封孔（洞）日期、各时段的开挖及混凝土浇筑（或土石料填筑）的月平均强度。

2) 绘制各单项工程的进度，计算施工强度（土石方开挖和混凝土浇筑强度）。

3) 安排土石坝施工进度时，考虑利用有效开挖料上坝的要求，尽可能使建筑物的有效开挖和大坝填筑进度互相配合，充分利用建筑物开挖的石料直接上坝。

4) 计算和绘制施工强度曲线。

5) 反复调整，使各项进度合理、施工强度曲线平衡。

编制施工总进度表，施工总进度表是施工总进度的最终成果，它是在控制性进度表的基础上进行编制的，其项目较控制性进度表全面详细。

8.2.2.4 坝体施工进度安排应注意的问题

(1) 拦洪高程和拦洪日期的确定。

1）拦洪高程。首先根据拦洪时的坝高及相应的库容，按照规范要求，确定设计拦洪挡水标准。由导流设计进行水力学计算，初步确定大坝拦洪高程。经施工进度研究后，如果不能达到此高程，则应提升导流的泄水能力，以降低拦洪高程，或者采取特殊的泄水和保坝措施，以保证大坝拦洪的安全。需要经过反复的方案比较，才能确定一个经济上合理、技术上可能的拦洪高程。

2）拦洪日期，所谓拦洪日期，是指施工进度规定的坝体达到拦洪高程的日期。

（2）拦洪过渡期坝体上升高程的确定。

1）按水文特性划分时段法。

2）按月划分时段法。

（3）施工强度论证。

1）根据坝体各期上升高程，可以在坝体高程－工程量曲线上查得该高程以下的工程量，再根据各时段的有效工日，算出时段的日平均施工强度。

2）强度的论证。确定了日高峰强度之后，应进行施工设计，研究物料运输、上坝方式、施工方法、坝面流水作业分区等，论证能否达到预定的施工强度。

3）坝体上升速度论证。根据坝体各期上升高程和该时段的有效工日，可以确定坝体的日平均上升速度。大中型土石坝的上升速度，主要是由塑性心墙或斜墙的上升速度控制的。

8.2.3 施工网络进度计划

8.2.3.1 施工网络进度计划的编制步骤

（1）收集基本资料。

（2）列出工程项目。

（3）计算工程量和施工延续时间。

1）计算工程量：工程量的计算应根据设计图纸，按工程性质，考虑工程分期和施工顺序等因素，分别按土方、石方、水上、水下、开挖、回填、混凝土等进行计算。

2）根据计算的工程量应用相应的定额资料，可以计算或估算各项目的施工延续时间 t。

$$t=\frac{V}{kmnN}$$

式中 V——项目的工程量；

m——日工作班数，实行一班制时 $m=1$；

n——每班工作的人数或机械设备台数；

N——人工或机械台班产量定额；

K——考虑不确定因素而计入的系数 $K<1$。

有时为了便于对施工进度进行分析比较和调整，需要定出施工延续时间可能变动的幅度，常用三值估计法进行估计：

$$t=\frac{t_a+4t_m+t_b}{6}$$

式中 t_a——最乐观的估计时间；

t_b——最悲观的估计时间；

t_m——最可能的估计时间。

3）分析确定项目之间的依从关系。

4）初拟施工进度。

5）优化、调整和修改。

6）提出施工进度成果。

8.2.3.2 网络计划的基本原理

利用网络图的形式表达一项工程中各项工作的先后顺序及逻辑关系，经过计算分析，找出关键工作和关键线路，并按照一定目标使网络计划不断完善，以选择最优方案；在计划执行过程中进行有效的控制和调整，力求以较小的消耗取得最佳的经济效益和社会效益。

8.2.3.3 网络计划方法的特点

（1）网络计划优点是把施工过程中的各有关工作组成了一个有机的整体，能全面而明确地反映出各项工作之间的相互制约和相互依赖的关系。

（2）可以进行各种时间参数的计算，能在工作繁多、错综复杂的计划中找出影响工程进度的关键工作和关键线路，便于管理人员抓住主要矛盾，集中精力确保工期，避免盲目抢工。

（3）通过对各项工作机动时间（时差）的计算，可以更好地运用和调配人员与设备，节约人力、物力，达到降低成本的目的；在计划执行过程中，当某一项工作因故提前或拖后时，能从网络计划中预见到它对其后续工作及总工期的影响程度，便于采取措施；可利用计算机进行计划的编制、计算、优化和调整。

8.2.3.4 网络计划的几个基本概念

（1）网络图。网络图是由箭线和节点按照一定规则组成的、用来表示工作流程的、有向有序的网状图形。网络图分为双代号网络图和单代号网络图两种形式，由一条箭线与其前后两个节点来表示一项工作的网络图称为双代号网络图；而由一个节点表示一项工作，以箭线表示工作顺序的网络图称为单代号网络图。

（2）网络计划与网络计划技术。用网络图表达任务构成、工作顺序并加注工作的时间参数的进度计划，称为网络计划。用网络计划对任务的工作进度进行安排和控制，以保证实现预定目标的科学的计划管理技术，称为网络计划技术。

8.2.3.5 双代号网络图的构成

双代号网络图由箭线、节点、节点编号、虚箭线、线路等5个基本要素构成。对于每一项工作而言，其基本形式如图8.1所示。

1. 箭线

在双代号网络图中，一条箭线表示一项工作（又称工序、作业或活动），如砌墙、抹灰等。而工作所包括的范围可大可小，既可以是一道工序，也可以是一个分项工程或一个分部工程，甚至是一个单位工程。

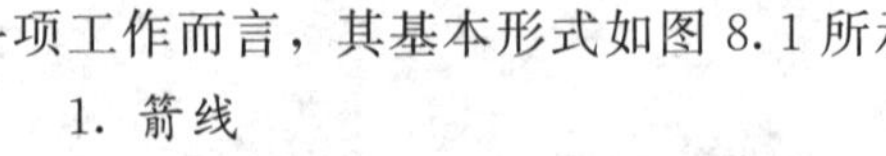

图8.1 双代号网络图的基本形式

在无时标的网络图中，箭线的长短并不反映该工作占用时间的长短。

箭线的尾端表示该项工作的开始，箭头端则表示该项工作的结束。

2. 节点

在双代号网络图中，节点代表一项工作的开始或结束，常用圆圈表示。箭线尾部的节点称为该箭线所示工作的开始节点，箭头端的节点称为该工作的完成节点。

在一个完整的网络图中，除了最前的起点节点和最后的终点节点外，其余任何一个节点都具有双重含义——既是前面工作的完成点，又是后面工作的开始点。

节点仅为前后两项工作的交接点，只是一个“瞬间”概念，因此它既不消耗时间，也不消耗资源。

3. 节点编号

在双代号网络图中，一项工作可以用其箭线两端节点内的号码来表示，以方便网络图的检查、计算与使用。

对一个网络图中的所有节点应进行统一编号，不得有缺编和重号现象。对于每一项工作而言，其箭头节点的号码应大于箭尾节点的号码，即顺箭线方向由小到大。

4. 虚箭线

虚箭线又称虚工作，它表示一项虚拟的工作，用带箭头的虚线表示。

其工作持续时间必须用“0”标出。虚工作的特点是既不消耗时间，也不消耗资源。

虚箭线可起到联系、区分和断路作用，是双代号网络图中表达一些工作之间的相互联系、相互制约关系，从而保证逻辑关系正确的必要手段。

5. 线路

在网络图中，从起点节点开始，沿箭线方向顺序通过一系列箭线与节点，最后到达终点节点所经过的通路称为线路，如图 8.2 所示。

①→②→④→⑥（8 天）；

①→②→③→④→⑥（10 天）；

①→②→③→⑤→⑥（9 天）；

①→③→④→⑥（14 天）；

①→③→⑤→⑥（13 天）；

共 5 条线路。

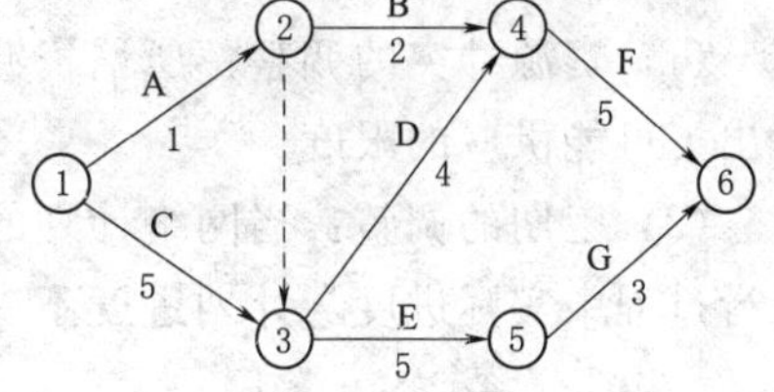

图 8.2　双代号网络图

第 4 条线路耗时最长（14 天），对整个工程的完工起着决定性的作用，称为关键线路；其余线路均称为非关键线路。处于关键线路上的各项工作称为关键工作。关键工作完成的快慢将直接影响整个计划工期的实现。关键线路上的箭线常采用粗线、双线或其他颜色的箭线突出表示。

位于非关键线路上的工作除关键工作外，都称为非关键工作，它们都有机动时间（即时差）；非关键工作也不是一成不变的，它可以转化成关键工作；利用非关键工作的机动时间可以科学地、合理地调配资源和对网络计划进行优化。

8.2.3.6　单代号网络计划构成

由一个节点表示一项工作，以箭线表示工作顺序的网络图称为单代号网络图。单代号网络图的逻辑关系容易表达，且不用虚箭线，便于检查和修改。但不易绘制成时标网络计划，使用不直观。

1. 节点

节点是单代号网络图的主要符号，用圆圈或方框表示。一个节点代表一项工作或工序，因而它消耗时间和资源。节点所表示工作的名称、持续时间和编号一般都标注在圆圈或方框内，有时甚至将时间参数也注在节点内，如图8.3所示。

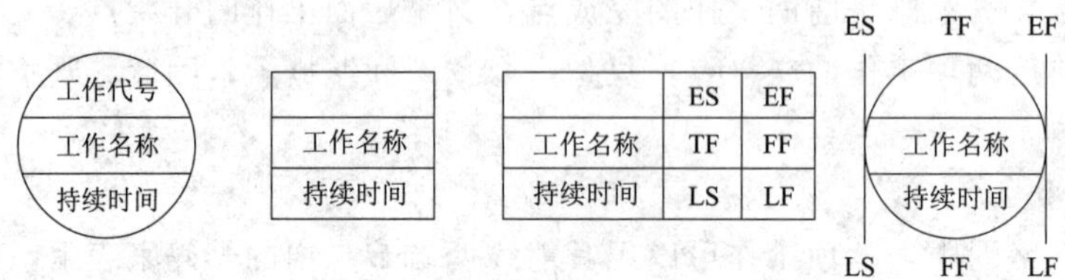

图8.3 单代号网络图的基本形式

2. 箭线

箭线在单代号网络图中，仅表示工作之间的逻辑关系。它既不占用时间，也不消耗资源。单代号网络图中不用虚箭线。箭线的箭头表示工作的前进方向，箭尾节点表示的工作是箭头节点的紧前工作。

3. 编号

每个节点都必须编号，作为该节点工作的代号。一项工作只能有唯一的一个节点和唯一的一个代号，严禁出现重号。编号要由小到大，即箭头节点的号码要大于箭尾节点的号码。

8.2.3.7 施工进度的调整

根据优化目标的不同，人们提出了各种优化理论、方法和计算程序。

(1) 资源冲突的调整：所谓资源冲突，是指在计划时段内，某些资源的需用量过大，超出了可能供应的限度。

(2) 工期的调整：当网络计划的计算总工期 T 与限定的总工期 $[T]$ 不符，或计划执行过程中实际进度与计划进度不一致时，需要进行工期调整。

任务8.3 施工总体布置

施工总体布置是施工场区在施工期间的空间规划，是施工组织设计的重要内容。

8.3.1 布置的三个阶段

8.3.1.1 可行性研究阶段

在可行性研究阶段，合理选择对外运输方案，选择场内运输及两岸交通联系方式；初步选择合适的施工场地，进行分区布置，规划主要交通干线，提出主要施工设施的项目，估算建筑面积、占地面积、主要工程量等技术指标。

8.3.1.2 初步设计阶段

(1) 落实选定对外运输方案及具体线路和标准，落实选定场内运输及两岸交通联系方式，布置线路和渡口、桥梁。

(2) 确定主要施工设施的项目，计算各项设施建筑面积和占地面积。

(3) 选择合适的施工场地，确定场内区域规划，布置各施工辅助企业及其他生产辅助设施、仓库站场、施工管理及生活福利设施。

(4) 选择给水排水、供电、供气、供热及通信等系统的位置，布置干管、干线。

(5) 确定施工场地的防洪及排水标准，布置排水、防洪、管道系统。

(6) 规划弃渣、堆料场地，做好场地土石方平衡以及土石方调配方案。

(7) 提出场地平整工程量、运输设备等技术经济指标。

(8) 研究和确定环境保护措施。

8.3.1.3 招标设计阶段

(1) 根据全工程合理分标情况，分别规划出各个合同的施工场地与合同责任区。

(2) 对于共用场地设施、道路等的使用、维护和管理等问题作出合理安排，明确各方的权利和义务。

(3) 在初步设计施工交通规划的基础上，进一步落实和完善，并从合同实施的角度，确定场内外工程各合同的划分及其实施计划，对外交通和场内交通干线、码头、转运站等由业主组织建设，至各作业场或工作面的支线，由辖区承包商自行建设。

8.3.2 施工总体布置的设计

一般来说，施工总体布置应该符合以下原则：

(1) 施工临时设施与永久性设施，应研究相互结合、统一规划的可能性。

(2) 确定施工临建设施项目及其规模时，应研究利用已有企业设施为施工服务的可能性与合理性。

(3) 主要施工设施和主要辅助企业应根据工程规模、工期长短、水文特性和损失大小，采用防御 10～20 年一遇的洪水的防洪标准。高于或低于上述标准，要进行论证。

(4) 场内交通规划，必须满足施工需要，适应施工程序、工艺流程的要求；全面协调单项工程、施工企业、地区间交通运输的连接与配合；力求使交通联系简便、运输组织合理，节省线路和设施的工程投资，减少管理运营费用。

(5) 施工总布置应紧凑、合理，节约用地，并尽量利用荒地、滩地、坡地，不占或少占良田。

8.3.3 施工场地区域规划

8.3.3.1 区域分类

大中型水利水电工程施工场地内部，可分为下列主要区域：

(1) 主体工程施工区。

(2) 辅助企业区。

(3) 仓库、站场、转运站、码头等储运中心。

(4) 施工管理及主要施工工段。

(5) 建筑材料开采区。

(6) 机电、金属结构和大型施工机械设备安装场地。

(7) 工程弃料堆放区。

(8) 生活福利区。

8.3.3.2 区域规划方式

区域规划按主体工程施工区与其他各区域互相关联或相互独立的程度，分为集中布置、分散布置、混合布置三种方式。水电工程一般多采用混合布置。

8.3.3.3 分区布置

（1）其内容包括：场内交通线路布置、施工辅助企业及其他辅助设施布置、仓库站场及转运站布置、施工管理及生活福利设施布置，风、水、电等系统布置、施工料场布置和永久建筑物施工区的布置。

（2）分区布置的原则是：

1）场外交通采用标准轨铁路和水运时，要确定车站、码头的位置，布置重大辅助企业、生产系统和主要场内交通干线。然后，协调布置其他辅助企业、仓库、生产指挥系统、风、水、电等系统、施工管理和生活福利设施。

2）场外交通采用公路时，首先布置重大辅助企业和生产系统，再按上述次序布置其他各项临时设施；或者首先布置与场外公路相连接的主要公路干线，再沿线布置各项临时设施。前者较适用于场地宽阔的情况，后者较适用于场地狭窄的情况。

3）凡有铁路线路通过的施工区域，一般应先布置线路，或者考虑和预留线路的布置。

8.3.4 施工现场布置总体规划

施工现场布置总体规划是施工总体布置的关键，要着重研究解决一些重大原则问题，如：施工场地是设在一岸还是分布在两岸？是集中布置还是分散布置？如果是分散布置，则主要场地设在哪里？如何分区？哪些临时设施要集中布置？哪些可以分散布置？主要交通干线设几条？它们的高程、走向如何布置？场内交通与场外交通如何衔接？以及临建工程和永久设施的结合、前期和后期的结合等。

8.3.5 施工场地选择

8.3.5.1 施工场地选择步骤

（1）根据枢纽工程施工工期、导流分期、主体工程施工方法、能否利用当地企业为工程施工服务等状况，确定临时建筑项目，初步估算各项目的建筑物面积和占地面积。

（2）根据对外交通线路的条件、施工场地条件、各地段的地形条件和临时建筑的占地面积，按生产工艺的组织方式，初步考虑其内部的区域划分，拟定可能的区域规划方案。

（3）对各方案进行初步分区布置，估算运输量及其分配，初选场内运输方式，进行场内交通线路规划。

（4）布置方案的供风、供水、供电系统。

（5）研究方案的防洪、排水条件。

（6）初步估算方案的场地平整工程量、主要交通线路、桥梁隧道等工程量及造价、场内主要物料运输量及运输费用等技术经济指标。

（7）进行技术经济比较，选定施工场地。

8.3.5.2 施工场地选择的基本原则

（1）一般情况下，施工场地不宜选在枢纽上游的水库区。如果不得已必须在水库区布置施工场地，其高程应不低于场地使用期间最高设计水位，并考虑回水、涌浪、浸润、坍岸的影响。

（2）利用滩地平整施工场地，尽量避开因导流、泄洪而造成的冲淤、主河道及两岸沟谷洪水的影响。

（3）位于枢纽下游的施工场地，其整平高程应能满足防洪要求。如地势低洼、又无法填高，应设置防汛堤和排水泵站、涵闸等设施，并考虑清淤措施。

（4）施工场地应避开不良地质地段，考虑边坡的稳定性。

（5）施工场地地段之间、地段与施工区之间，联系应简捷方便。

8.3.6 施工总布置的步骤

施工总体布置图的设计，由于施工条件多变，不可能列出一种一成不变的格局，只能根据实践经验，因地制宜，按场地布置优化的原理和原则，创造性地予以解决。施工总布置设计思维导图如图 8.4 所示。

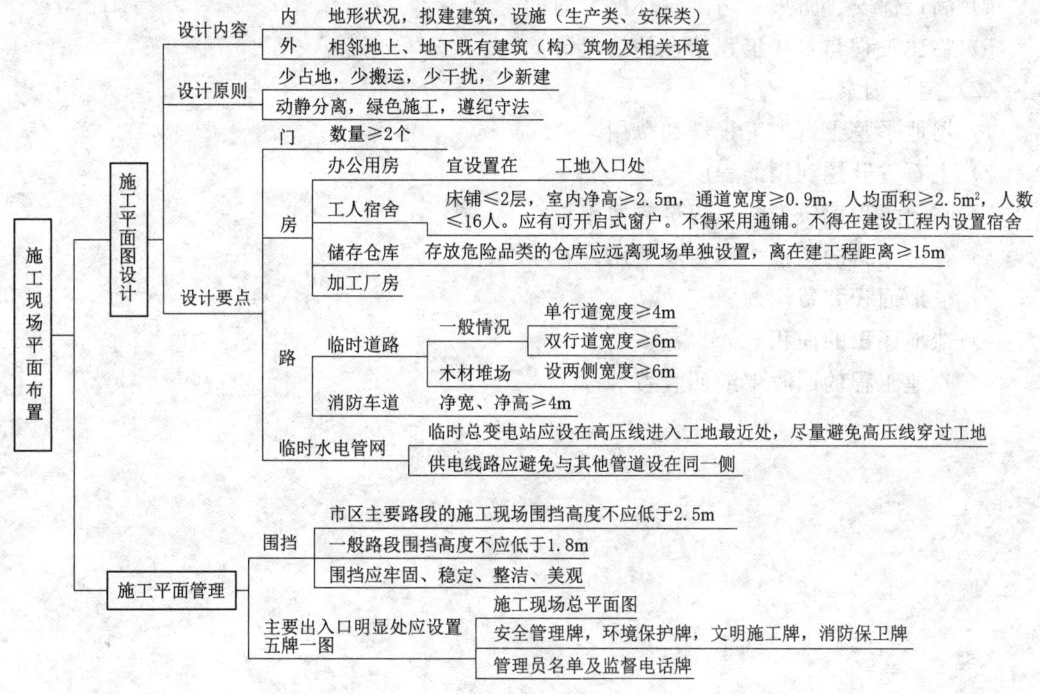

图 8.4 施工总布置设计思维导图

8.3.7 施工总体布置的评价

8.3.7.1 总布置方案综合比较的内容

（1）场内主要交通线路的可靠性、修建线路的技术条件、工程数量和造价。

（2）场内交通线路的技术指标（弯道、坡度、交叉等），场内物料运输是否产生倒流现象。

（3）场地平整的技术条件、工程量、费用及建设时间，场地平整、防洪、防护工程量。

（4）区域规划及其组织是否合理，管理是否集中、方便，场地是否宽阔，有没有扩展的余地等；施工临时设施与主体工程施工之间、临时设施之间的干扰性；场内布置是否满足生产和施工工艺的要求。

(5) 施工给水、供电条件。

(6) 场地占地条件、占地面积(尤其是耕地、林木、房屋等)。

(7) 施工场地防洪标准能否满足要求，安全、防火、卫生和环境保护能否满足要求。

8.3.7.2 方案的评价因素

方案的评价因素大体有两类：一类是定性因素，一类是定量因素。

(1) 定性因素主要有：

1) 有利生产，易于管理，方便生活的程度。

2) 在施工流程中，互相协调的程度。

3) 对主体工程施工和运行的影响。

4) 满足保安、防火、防洪、环保方面的要求。

5) 临建工程与永久工程结合的情况等。

(2) 定量因素主要有：

1) 场地平整土石方工程量和费用。

2) 土石方开挖利用的程度。

3) 临建工程建筑安装工程量和费用。

4) 各种物料的运输工作量和费用。

5) 征地面积和费用。

6) 造地还田的面积。

7) 临建工程的回收率或回收费等。

项目 9

施 工 监 理

任务 9.1 建 设 监 理 基 础

9.1.1 建设项目

9.1.1.1 项目的含义、特点与概念

1. 项目的含义及其特点

项目是指在一定的约束条件下，具有特定明确目标的一次性事业（或活动）。

根据其内涵，项目具有以下特点。

（1）一次性和单件性。

项目的活动过程具有明显的一次性，其活动的结果（或成果）具有单件性。这是项目区别于非项目活动的重要特性。

（2）目标性。

任何项目都必须具有特定明确的目标。这是项目的又一个重要特征。项目目标往往取决于项目法人所要达到的最终目的。项目目标可以按层次依次分解为总目标、分目标、子目标等。

2. 项目的概念

项目有广义与狭义之分。广义的项目泛指一切符合项目定义、具备项目特点的一次性事业（或活动），如设备的大修或技术改造、新产品的开发、计算机软件开发、应用科学研究等，都可以作为项目。狭义的项目，一般专指工程建设项目（简称建设项目），如建造一座大楼、兴建一座水电站等具有质量、投资、工期要求的一次性工程建设任务。建设项目是一种典型的项目。它要求在限定的工期、投资和质量条件下，实现工程建设的最终目的。本书以下除特别说明外，“项目”一词均指建设项目。建设项目是指按照一个总体设计进行施工，由若干个单项工程组成，经济上实行统一核算，行政上实行统一管理的基本建设单位。

为了建设的需要，建设项目可按单位（项）工程、分部工程和单元工程逐级分解。

单位（项）工程：指独立发挥作用或具有独立施工条件的建筑物。

分部工程：指在一个建筑物内能组合发挥一种功能的建筑工程，是组成单位工程的各个部分。对单位工程安全、功能或效益起控制作用的分部工程称为主要分部工程。

单元工程：指分部工程中由几个工种施工完成的最小综合体，是日常质量考核的基本单位。依据设计结构、施工部署或质量考核要求把建筑物划分为若干层、块、段来确定。

9.1.1.2 项目的建设程序

建设程序是指建设项目从设想、规划、评估、决策、设计、施工到竣工验收、投入生产整个建设过程中，各项工作必须遵循的先后次序的法则。这个法则是人们在认识客观规律，科学地总结建设工作的实践经验的基础上制定出来的，反映了建设工作所固有的客观自然规律和经济规律，是建设项目科学决策和顺利进行的重要保证。按照建设项目发展的内在规律和过程，建设程序分成若干阶段，这些阶段是有严格的先后次序，不能任意颠倒，必须共同遵守的。

一个建设项目从建设前期工作到建设投产，要经历几个循序渐进的阶段，每个阶段都有自身的工作内容。根据我国现行规定，一般大中型项目的建设包括以下7项内容：

（1）根据国民经济和社会发展长远规划，结合行业和地区发展规划的要求，提出项目建议书，即项目建议书阶段。

（2）在勘察、试验、调查研究及详细技术经济论证的基础上编制可行性研究报告。

（3）根据项目的咨询评估情况，对建设项目进行决策。

（4）根据可行性研究报告编制设计文件。

（5）初步设计经批准后，做好施工前各项准备工作。

（6）进行技施设计，组织施工，并根据工程进度，做好生产准备。

（7）项目按准备的设计内容建完，经投料试车验收合格后，正式投产，交付生产使用。

根据水利部水建〔1995〕128号《水利工程建设项目管理规定（试行）》文件（2016年修改）的规定，水利工程建设程序一般分为项目建议书、可行性研究报告、施工准备（包括招标设计）、初步设计、建设实施、生产准备、竣工验收、后评价等阶段。

9.1.1.3 项目管理

1. 概念

（1）项目管理是指系统地进行项目的计划、决策、组织、协调与控制的系统的管理活动。

（2）项目管理也可以归纳为：在建设项目生命周期内所进行的有效的规划、组织、协调、控制等系统的管理活动，其目的是，在一定的约束条件下（限定的投资、限定的时间、限定的质量标准、合同条件等），最优实现建设项目，达到预定的目标。

2. 主要特征

（1）明确目标。

项目管理的目标，就是在限定的时间、限定的资源和规定的质量标准范围内，高效率地实现项目法人或业主规定的项目目标。项目管理的一切活动都围绕这一目标进行，项目管理的好坏，主要看项目目标的实现程度。

（2）项目总经理负责制。

项目管理十分强调项目总经理个人负责制，项目总经理是项目成功的关人物。项目法人或业主为项目总经理规定了要实现的项目目标，并委托其对目标的实施全权负责。有关的一切活动均需置于项目总经理的组织与控制之下，以免多头负责、相互扯皮、职责不清和效率低下。

（3）充分的授权保证系统。

项目管理的成功必须以充分的授权为基础。项目经理的授权，应与其承担责任相适应。特别是对于复杂的大型项目，协调难度很大，没有统一的责任者和相应的授权，势必难以协调配合，甚至导致项目失败。

（4）具有全面的项目管理职能。

项目管理的基本职能是计划、组织、协调和控制。

1）计划。计划即把项目活动全过程、全目标都列入计划，通过统一的、动态的计划系统来组织、协调和控制整个项目，使项目协调有序地达到预期目标。

2）组织。组织即建立一个高效率的项目管理体系和组织保证系统，通过合理的职责划分、授权，动用各种规章制度以及合同的签订与实施，确保项目目标的实现。

3）协调。协调即在项目存在的各种结合部或界线之间，对所有的活动及力量进行联结、联合、调和，以实现系统目标的活动。项目经理在协调各种关系特别是主要的人际关系中，应处于核心地位。

4）控制。控制就是在项目实施的过程中，运用有效的方法和手段，不断分析、决策、反馈，不断调整实际值与计划值之间的偏差，以确保项目总目标的实现。项目控制往往是通过目标的分解、阶段性目标的制定和检验、各种指标定额的执行，以及实施中的反馈与决策来实现的。

9.1.2 建设监理的概念

9.1.2.1 监理的一般概念

“监理”是“监”和“理”的组合词。“监”一般是从旁监视、督促的意思，是一项目标性很明确的具体行为，将其意思进一步延伸，它有视察、检查、评价、控制等从旁纠正、督促目标实现的含义。“理”有两个方面的意思：一是指条理、准则，二是指管理、整理。就“监理”一词的英文的含义而言，它具有监督、管理的意思，带有管理的职能，即从计划、组织、指挥、协调、控制等方面，对事物进行管理，以实现既定的目标。

综合上述几层意思，“监理”的含义可以表述为：由一个执行机构或执行者，依据一定的准则，对某一行为的有关主体进行督察、监控和评价，守“理”者不问，违“理”者必究；同时，这个执行机构或执行者还要采取组织、指挥、协调和疏导等措施，协助有关人员更准确、更完整、更合理地达到预期目标。

9.1.2.2 建设监理的概念

建设监理是对工程建设参与者的建设行为进行监控、督导和评价，并采取相应的管理措施，保证建设行为符合国家的法律、法规、政策和有关技术标准，制止建设行为的随意性和盲目性，促使建设项目按计划的投资、进度和质量全面最优地实现，确保建设行为的合法性、合理性、科学性和安全性。简而言之，建设监理就是对工程建设活动的“监理”。

建设监理要实现其职能，必须以系统的机制、健全的组织机构、完善的技术经济手段和严格的工作程序来保证。所以说，建设监理是对建设行为的系统管理，必须建立一套科学、严密的管理制度。

建设监理的行为主体，包括政府的工程建设管理部门和经政府有关部门认证后取得资格的社会监理单位。前者属于政府职能机构的监理，称为政府监理，它主要从宏观监督管理建设行为的合法性、合理性、科学性和安全性；后者属于专业技术服务类的监理，称为社会监理，它主要为项目法人（建设单位）提供专业技术服务，根据项目法人授权，通过各项控制措施，具体组织建设合同的实施。

建设监理是我国特有的叫法，国际上通常称作咨询。

9.1.2.3 实行建设监理的成效

建设监理制的试行，使工程建设管理体制出现了前所未有的新格局，它主要表现在职能分工趋于完善、协调与约束机制得到加强、技术功能得以充分发挥，给工程建设带来了明显的经济效益和社会效益。具体而言，实行建设监理的成效主要体现在下面几个方面：

（1）降低了工程造价，投资得到了有效控制。

（2）加快了工程建设进度。

（3）提高了工程质量。

（4）合理地协调合同双方的利益。

（5）减少了工程建设管理人员的数量。

9.1.3 工程建设“三制改革”

9.1.3.1 建设项目法人责任制

实行项目法人责任制是我国建设管理体制的改革方向。从目前来看，有关建设项目法人责任制的实施工作，需要进一步完善。

1. 项目法人

（1）法人。

法人是具有权利能力和行为能力，依法独立享有民事权利和承担民事义务的组织。法人是由法律创设的民事主体，是与自然人相对应的概念。《中华人民共和国民法典》规定：法人应当有自己的名称、组织机构住所、财产或者经费。法人成立的具体条件和程序，依照法律、行政法规的规定。根据法律规定，可以将法人分为营利法人、非营利法人和特别法人。

营利法人：以取得利益分配给股东等出资人为目的成立的法人。营利法人包括有限责任公司、股份有限公司和其他企业法人等。

非营利法人：为公益目的或者其他非盈利目的成立，不向出资人、设立人或者会员分配所取得利润的法人。非营利法人包括事业单位、社会团体、基金会、社会服务机构等。

特别法人：机关法人、农村集体经济组织法人、城镇农村的合作经济组织法人、基层群众性自治组织法人。

（2）项目法人。

我国建设项目管理体制中，项目法人是从1994年才提出的。在此之前，多数提法是项目业主。从国家政府部门文件来看，水利部按照社会主义市场经济的要求，从基本建设管理体制的大局出发，率先提出在水利工程建设项目中实行项目法人责任制，并以水建〔1995〕125号文件印发了《水利工程建设项目实行项目法人责任制的若干意见》。原国家计划委员会计建设〔1996〕673号文件又印发了《关于实行建设项目法人责任制的暂行规定》，明确项目法人是由投资方选定的代表，对项目的筹划、筹资、设计、建设实施、生产经营、归还贷款以及固有资产的保值增值等全过程负责，并承担投资风险的项目（企业）管理班子。

2. 项目法人责任制及项目法人职责

（1）项目法人责任制的由来。

项目法人责任制，就是按照市场经济的原则，转换项目建设与经营机制，改善项目管理，提高投资效益，从而在投资建设领域建立有效的微观运行机制的一项重要改革措施。项目法人责任制的核心内容是明确了由项目法人承担投资风险，明确了项目法人不但负责建设而且负责建成以后的生产经营和归还贷款本息。实行项目法人责任制，是建立社会主义市场经济的需要，是转换建设项目投资经营机制、提高投资效益的一项重要改革措施。其体现了项目法人和建设项目之间的责、权、利，是新形势下进行项目管理的一种行之有效的手段。

（2）项目法人的主要管理职责。

项目法人的主要管理职责是对项目的立项、筹资、建设和生产经营、还本付息以及资产保值的全过程负责，并承担投资风险，具体包括八点：

1）负责筹集建设资金，落实所需外部配套条件，做好各项前期工作。

2）按照国家有关规定，审查或审定工程设计、概算、集资计划和用款计划。

3）负责组织工程设计、监理、设备采购和施工招标的工作，审定招标方案。要对投标单位的资质进行全面审查，综合评选，择优选择中标单位。

4）审定项目年度投资和建设计划；审定项目财务预算、决算；按合同规定审定归还贷款和其他债务的数额；审定利润分配方案。

5）按国家有关规定，审定项目（法人）机构编制、劳动用工及职工工资福利方案等，自主决定人事聘任。

6）建立建设情况报告会，定期向水利建设主管部门报送项目建设情况。

7）项目投产前，要组织运行管理班子，培训管理人员，做好各项生产准备工作。

8）项目按批准的设计文件内容建成后，要及时组织验收和办理竣工决算。

实行项目法人责任制后，项目法人与项目建设各方的关系是一种新型的适应社会主义市场经济运行机制的关系，在项目管理上形成以项目法人为主体，项目法人向国家和投资各方负责，咨询、设计、监理、承建、物资供应等单位通过招标投标和履行经济合同为项目法人提供建设服务的建设管理新模式。

9.1.3.2　建设监理机制

工程项目管理和监理制度在西方国家已有较长的发展历史，并日趋成熟与完善。随着国际工程承包业的发展，国际咨询工程师联合会制定的《土木工程施工合同条件》已为国际承包市场普遍认可和广泛使用。该合同条件在总结国际土木工程建设经验的基础上，科学地将工程技术、管理、经济、法律结合起来，突出施工监理工程师负责制，详细地规定了项目法人、监理单位和承建单位三方的权利、义务和责任，对建设监理的规范化和国际化起了重要的作用。充分研究国际通行的做法，并结合我国实际情况加以利用，建立我国工程建设监理制度，是当前发展我国建设事业的需要，也是我国建筑行业与国际市场接轨的需要。

9.1.3.3 建设监理管理组织机构及职责

1. 水利部

水利部主管全国水利工程建设监理工作，其办事机构为建设与管理司。其主要职责如下：

(1) 根据国家法律、法规、政策，制定水利工程建设监理法规和规章，并监督实施。

(2) 审批全国水利工程建设监理单位的资格。

(3) 负责全国水利工程建设总监理工程师、监理工程师资格的考核、考试、审批和发证以及部直属监理单位监理员的审批发证工作，归口管理全国水利工程监理工程师的注册工作。

(4) 指导、监督、协调全国水利工程建设监理工作。

(5) 指导、监督部直属大中型水利工程实施建设监理，并协调建设各方的关系。

(6) 负责全国水利工程建设监理培训管理工作。

水利部设全国水利工程建设监理资格评审委员会，负责全国水利工程建设监理单位和有关监理人员资格的审批工作。

2. 各流域机构

各流域机构协助水利部管理本流域内水利工程建设监理工作，主要职责如下：

(1) 贯彻执行水利部有关建设监理的法规和规章。

(2) 指导、监督、协调流域内水利工程建设监理工作。

(3) 负责本流域所属水利工程建设监理单位资格初审。

(4) 负责组织本流域机构所属单位的建设监理工程师资格考试审查和注册工作以及监理员的审批、发证工作。

(5) 对本流域机构直属的监理单位、监理人员进行管理。

(6) 指导、监督本流域机构直属水利工程实施建设监理，并协调建设各方关系。

(7) 负责组织本流域机构所属单位建设监理培训管理工作。

(8) 国家和水利部交办的其他监理管理工作。

3. 各省、自治区、直辖市水利（水电）厅（局）

各省、自治区、直辖市水利（水电）厅（局）主管本行政区域内水利工程建设监理工作，主要职责为：

(1) 贯彻执行水利部有关建设监理的法规和规章，制定地方水利工程建设监理管理办法并监督实施。

(2) 负责本行政区域内水利工程建设监理单位资格的初审。

(3) 负责组织本行政区域内建设监理工程师资格考试、审查和注册工作以及监理员的审批、发证工作。

(4) 对本行政区域所属的监理单位和监理人员进行管理。

(5) 指导、监督地方水利工程实施建设监理，并协调建设各方关系。

(6) 负责组织本行政区域内的水利工程建设监理培训管理工作。

9.1.4 建设监理“三”“二”“一”的内涵

9.1.4.1 建设监理“三”的内涵

所谓“三”，即“三控制”——质量控制、进度控制、投资控制。

9.1.4.2 建设监理“二”的内涵

所谓“二”，就是“两管理”——合同管理和信息管理。

1. 合同管理

合同是进行投资控制、质量控制、进度控制的重要依据。监理工程师通过有效的合同管理，确保工程项目的投资、质量和进度三大目标的最优实现。监理工程师在现场进行合同管理，就是“天天念合同经”，一切按照合同办事。同时应合理控制工程变更，正确处理索赔，防止或减少争议的发生。

2. 信息管理

信息管理是监理工程师在监理过程中使用的主要方法，控制的基础是信息。因此，要及时掌握准确、完整的信息，并迅速地进行处理，使监理工程师对工程项目的实施情况有清楚的了解，以便及时采取措施，有效地完成监理任务。信息处理要有完善的建设监理信息系统，最好的方法就是利用电子计算机进行辅助管理。此外，还要进行建设监理文档管理。

9.1.4.3 建设监理“一”的内涵

所谓“一”，就是“一协调”——组织协调。

在工程项目实施过程中，项目法人和承建单位由于各自的经济利益和对问题的不同理解，会产生各种矛盾和问题。因此，作为监理工程师要及时、公正地进行协调和解决，维护双方的合法权益。

9.1.5 监理工作依据、原则及与各方的关系

9.1.5.1 监理工作的依据

监理单位实施监理工作的主要依据，可以概括为以下几个方面：

(1) 国家和管理部门制定颁发的法律、法规、规章和有关政策。

(2) 技术规范、技术标准，主要包括国家有关部门颁发的设计规范、技术标准、质量标准、施工规范、施工操作规程。

(3) 政府建设主管部门批准的建设文件、设计文件。

(4) 项目法人与承建单位依法签订的施工合同，与材料、设备供货单位签订的有关购货合同，与社会监理单位签订的建设监理合同以及与其他有关单位签订的合同。现阶段建设监理的主要工作是依据项目法人与承建单位依法签订合同。在监理过程中，项目法人下达的工程变更文件，设计部门对设计问题的正式书面答复，项目法人与设计部门、监理单位等方面联合签署的设计方面回访备忘录等，均可作为监理工作的依据。

9.1.5.2 监理的基本原则

无论是对工程项目建设全过程监理，还是只对工程项目建设某一阶段（如施工阶段）监理，或是仅对某一目标（如质量控制等）监理，都应遵守工程项目监理的基本原则。

(1) 权责一致的原则。

(2) 总监理工程师负责制的原则。

(3) 综合效益的原则。

(4) 严格、公正、热情服务的原则。

(5) 事前控制的原则。

(6) 说服教育的原则。

9.1.5.3 监理单位与建设各方的关系

1. 项目法人(即甲方)与监理单位的关系

项目法人与监理单位之间的关系是委托与被委托的合同关系。项目法人是工程项目建设的组织者，负有建设中筹集资金、征地、移民、协调与当地关系等职责，对工程项目建设全面向国家负责。监理单位是在项目法人授予的责权范围内(合同中规定的)，公正监督管理施工承包合同，解决和报告合同实施过程中出现的各种情况，完成所负任务，保证工程按合同正常进展。另外也应明确指出，一般监理单位应是项目法人唯一的现场施工管理者，项目法人的决策和意见应通过监理单位贯彻执行，以避免现场指挥系统混乱。为了正确说明项目法人与社会监理单位的关系，还必须进一步指明目前存在的一些误解。有人把项目法人与监理单位的关系理解为雇佣的关系，这是不确切的。正确的理解应该是，它们之间的关系是合同关系，是委托与被委托、授权与被授权的关系。

2. 监理单位与设计单位的关系

监理单位与设计单位，在项目法人委托监理单位进行设计监理时，是监理与被监理的关系；在没有委托设计监理时，是分工合作关系。监理单位在监理过程中，设计变更按合同及有关规定办理。设计单位的有关通知、图纸、文件等须通过监理单位，由监理单位下达承建单位，承建单位要求修改设计时，也必须通过监理单位向设计单位提出。

3. 监理单位与承建单位(乙方)的关系

按照建设监理制度，在工程建设的三方关系中，监理单位与承建单位的关系不是合同关系，它们之间不得签订任何合同或协议。它们两者构成工程建设中监理和被监理的关系。项目法人(甲方)单位通过与工程承建单位(乙方)签订的工程施工合同确立了这种关系，合同明确地授予了监理单位监督管理的权力，监理单位依照国家和部门颁发的有关法律法规、技术标准，以及批准的建设计划、施工合同等进行监理。承建单位在执行施工合同的过程中，必须接受监理单位的合法监理，并为监理工作的开展提供合作与方便，按规定提供完整的有关施工技术经济资料。承建单位按照施工合同的要求和监理工程师的指示施工，在施工过程中，承建单位要随时接受监理工程师的监督和管理，而监理工程师则是按照项目法人所委托的权限，并在这个权限的范围内指导检查承建单位是否履行合同的职责，是否按合同规定的技术要求、质量要求、进度要求和费用要求进行施工建设。在监理过程中，监理工程师也要注意维护承建单位的合法利益，正确而公正地处理好款项支付、验收签证、索赔和工程变更的支付问题。

4. 监理单位与政府质量监督的关系

政府与监理单位的关系是监督与被监督的关系。质量监督是政府相关的职能部门所代表的政府行为，建设监理是社会行为，两者的性质、职责、权限、方式和内容有原则性的区别。首先，从性质来看，政府质量监督机构是代表政府，从保障社会公共利益和国家法规执行角度对工程质量进行第三方认证，其工作体现了政府对建设项目管理的职能；而建设监理单位是在项目法人授权范围内进行现场目标控制。其次，从工作范围和深度方面看，政府质量监督部门(站)的工作是工程质量的抽查和等级认定，把住工程质量关；而建设监理单位是对项目实施过程的全面管理和全过程控制。再次，从工作依据看，政府质量监督主要依据国家方针、政策、法律、法令、技术标准与规范、规程等法规；而社会监理除依据上述法规外，更要以设计文件和监理委托合同、工程施工合同为主要依据。最后，从工作手段看，政府质量监督主要依靠行政手段，包括责令返工、警告、通报、罚款，甚至降低等级等；而社会监理有时也使用返工、停工等强制手段，但主要是依靠合同约束的经济手段，包括拒绝进行质量、数量的签证、拒签付款凭证等。

任务 9.2 堤防施工环节的质量监理要点

9.2.1 堤基清理质量监理要点

9.2.1.1 基本要求

(1) 监理工程师根据设计文件、图纸要求、技术规范、堤基情况，审查施工单位提交的基础处理施工方案与细则。

(2) 对于施工单位进行的堤基开挖或处理过程中的详细记录，监理工程师均需审核签字。

(3) 堤基清理范围，其边界应超出设计基础面边线 300～500mm。

(4) 堤基表层的石屑、块石、淤泥、腐殖土、杂填土、草皮、树根以及其他杂物应开挖清除，并按指定的位置堆放。

(5) 堤基清理后，应在第一层土料填筑前进行平整、压实，质量符合设计要求。

(6) 堤基处理完，报监理工程师与建设单位、设计监督站等单位共同验收后，按隐蔽工程要求填写开仓证，并根据分部工程检测的数量，按堤基处理面积的平均数每 200m 一个计算，抽检样品，检查合格后，才能进行堤身填筑。

(7) 堤基地质比较复杂，施工难度较大或无现成规范可遵循时，应进行必要的技术论证，并通过现场试验，取得有关技术资料与参数，报监理工程师认可。

(8) 当堤基冻结后有明显冰夹层和冻胀现象时，未经处理不得在其上施工。

(9) 基础积水应及时抽排，对泉眼分析其成因和对堤防的影响后，予以封堵或引导，开挖堤基较深时应防止滑坡。

9.2.1.2 一般堤基清理质量监理

(1) 堤基表层不合格土、杂物等必须清除，堤基范围内的坑槽、井窖、墓穴及动物巢穴等，应按堤身填筑要求进行回填处理。

(2) 新老堤结合部的清理、包边盖顶应符合《堤防工程施工规范》(SL 260—2014) 的要求。

(3) 基面清理平整后，应要求施工单位及时报验。基面验收后应抓紧施工，若不能立即施工，应通知施工单位做好基面保护，复工前应经过监理工程师检验，必要时要重新清理。

(4) 堤基清理单元工程质量检查项目与标准应符合表 9.1 的规定。

9.2.1.3 软弱堤基清理质量控制

(1) 采用挖除软弱层换填砂土时，应按设计要求，用中砂或砂砾铺填后及时予以压实；若换壤土，其压实干密度需要满足设计要求。

表 9.1 堤基清理单元工程质量检查项目与标准

项次	检查项目	质量标准
1	基面清基	表层不合格土、杂物全部清除
2	一般堤基清理	堤基上的坑、洞穴已按要求处理
3	堤基平整压实	表面无显著凹凸，无松土、弹簧土

(2) 流塑态淤质软黏土地基上采用堤身自重挤淤法施工时，应放缓堤坡，减慢堤身填筑速度，分期加高。

(3) 软塑态淤质软黏土地基上，在堤身两侧坡脚外设置压载体处理时，压载体应与堤身同步分级分期加载，保持施工中的堤基与堤身受力平衡。压载体与堤身同步分级分期加载方案，由施工单位提出，并经监理工程师批准后执行。

(4) 采用排水砂井、塑料排水板、碎石桩等方法加固堤基时，应符合设计要求。

9.2.1.4 透水堤基的施工处理质量监理

(1) 用黏土做铺盖或用土工合成材料进行防渗，应按设计要求控制黏土的压实度及干密度。土工合成材料的各项技术指标要达到规范要求，监理工程师应严格控制土工合成材料的材质。铺盖分片施工时，施工单位应编制分片计划，报监理工程师批准，关键是应加强接缝处的碾压和检验。

(2) 黏土截渗墙施工时，宜采用明沟排水或井点抽排，回填黏性土应在无水基础上按设计要求进行施工控制。

(3) 截渗墙的施工方法：开槽形孔灌注混凝土、水泥、黏土浆等；开槽孔插埋土工膜；高压喷射水泥粉浆等形成截渗墙。不论施工单位采用哪种施工方法，均应编写出施工方案，由施工单位报监理工程师审核批准执行。

(4) 砂性堤基采用振冲法处理时，施工方案一定要经监理工程师审核。

9.2.1.5 堤基清理单元工程质量控制检测项目与标准

堤基清理单元工程质量控制检测项目与标准如下：

(1) 堤基清理范围。清理边界超过设计基面边线 0.3m。

(2) 堤基表层压实。应符合设计要求。

9.2.1.6 堤基清理范围

应根据堤防工程级别，按施工堤线长度，每 20～50m 检测一次；压实质量检测取样时应按清基面积平均每 400～800m^2 取样一个。

9.2.1.7 堤基清理单元工程质量评定标准

(1) 合格标准：检查项目达到标准，清理范围检测合格率不小于 70%，压实质量检测合格率不小于 80%。

(2) 优良标准：检查项目达到标准，清理范围与压实质量检测合格率不小于 90%。

9.2.2 基础开挖工程质量监理

9.2.2.1 单元划分原则

单元划分应按具体的施工形式来定，一段堤坝（护岸、垛）作为一个单元工程。

9.2.2.2 基础开挖施工监理

基础开挖施工监理要点有：

(1) 保证开挖尺寸、基面高程均符合设计要求。

(2) 开挖坡面平顺，基础面平整，基坑内无杂物。

(3) 开挖过程中，应选用适宜的机具，不得扰动地基、损坏相邻的建筑物。

(4) 开挖弃土（石）等要堆放在指定的区域。

9.2.2.3 基础开挖过程的质量监理标准

(1) 开挖高程：允许误差±30mm。

(2) 基坑断面尺寸（长、宽）：允许误差±50mm。

(3) 边坡坡度：允许误差3%。

9.2.2.4 基础开挖质量检测数量

(1) 开挖高程和边坡每10m取一个测点。

(2) 开挖长、宽尺寸每10m取一个测点。

9.2.2.5 基础开挖单元工程质量评定

质量检测点次合格率不小于70%评为合格，不小于90%评为优良。

9.2.3 土堤填筑碾压监理

9.2.3.1 一般的监理内容

一般的监理主要包括以下内容：

(1) 堤身土体填筑工程的全过程。

(2) 土堤包边盖顶工程。

(3) 土堤坡面植草。

9.2.3.2 土堤身碾压填筑的监理要点

土堤身碾压填筑的监理要点如下：

(1) 上堤土料的土质及含水量应符合设计和碾压试验确定的各项指标的要求，在现场以目测、手测法为准，辅以简易试验做参考。如发现料场土质与设计要求有较大的出入，应取有代表性的土样做土工试验。

(2) 土料、砂质土的压实指标按设计干密度值控制，砂料和砂砾料的压实指标按设计相对密度值控制。

(3) 土料的碾压试验。施工前应先做碾压试验来验证碾压质量能否达到设计干密度值，并选定最佳的机械碾压遍数、铺土厚度、含水量值。

1) 碾压试验的要求。碾压试验应在工程开工前，在质量监理、现场管理人员的旁站监理下，由施工单位根据土场的土质情况及施工碾压机械的具体情况来进行。现场所采用的土料要与设计要求一致，并且有代表性。试验前，应将所选择的堤基段清理平整，并将表层压实至填筑设计要求的干密度。碾压试验的场地面积不小于20m×30m。将试验场地以长边为堤轴线方向划分为10m×15m的4个试验小区，做不同的碾压试验。

2) 试验的方法。在场地中线一侧的相邻两个试验小区内铺设不同的铺土厚度，但土料相同，含水量不同。分为大于、等于、小于天然含水量。每个试验小区按试验计划规定的操作要求：碾压机械行走方向应平行于堤轴线，采用进退错距法碾压，搭压宽度应大于10cm。铲运机兼做压实机械时宜采用轮迹排压法，轮应搭压轮宽的1/3。机械碾压时应控制行车速度，以不超过下列规定为宜：平碾为2km/h，振动碾为2km/h，铲运机为2挡。在小区分别进行不同的厚度、不同的碾压遍数的试验，求出相应土料的含水量的干密度，以求出最佳值，达到设计值的控制目标。试验应做好详细记录，及时对试验资料进行整理分析，绘制出干密度值与压实遍数的关系曲线、干密度和含水量的关系曲线。正式施工时，各项碾压参数报监理工程师审批。

(4) 施工时必须分层填筑、逐坯压实。为此，应控制每层土料铺厚度不得超过规定的厚度。铺土面应尽量平整，做到层次清楚、坯面平整、均衡上升。

(5) 分段填筑时，分段作业面的厚度不应小于100m，作业面要分层统一铺土、统一碾压，上下层位置要错开，错开距离不小于3m，各土层之间设立标志，以防漏压、过压和欠压。

(6) 碾压时应根据不同的碾压机械采用进退错距法或轮迹排压法，重点控制搭接碾压宽度等。对机械压不到的死角，应采取人工或机械夯实。若发现局部“弹簧土”，应及时进行处理。

(7) 地面起伏不平时，应按水平分层由低处开始逐层填筑，不得顺坡填筑，堤防横断面上的地面坡度陡于1∶5时，应将地面坡度削至缓于1∶5。

(8) 作业面在软土堤基上筑堤，如堤身两侧设有压载平台，两者应按设计断面同步分层填筑，严禁先筑堤后压载。

(9) 相邻施工段的作业面宜均衡上升，严禁出现界沟，若段与段不可避免出现高差，应以斜坡面相接。

(10) 已铺土料表面在碾压前被晒干，应洒水湿润至最佳含水量。

(11) 用光面碾压黏性土填筑层，在新铺土料前应对压光面做刨毛处理。填筑层检验合格后，因故未继续施工使表面产生疏松层时，复工前应进行复压，刨毛处理合格后，报监理工程师复检，方可进行上土作业。

(12) 在软基上筑堤或用较高含水量土料填筑堤身时，严格控制施工进度。必要时应在地基、坡面设置沉降和位移观测点，根据观测资料分析结果，指导安全施工。

(13) 对占压堤身断面的土堤临时坡道，应做缺口处理，将已板结的老土刨松与新铺土料统一碾压，按填筑要求分层压实。

(14) 压实作业的方向应平行于堤坝轴线，分段、分片碾压，相邻作业面的碾压应相互搭接，平行堤坝轴线方向搭压宽度不小于0.5m。垂直堤坝轴线方向搭压宽度不应小于3m。

(15) 铺土料的控制要点：按设计要求将土料铺至规定部位，土堤土料中的杂质应予以清除；铺料至堤边时，应在设计边线外侧各超填一定余量，人工为10cm，机械为30cm；铺土厚度与土块粒径通过碾压试验而定。

(16) 堤身全断面填筑完毕后应做整坡压实及削坡处理，并对堤防两侧护堤地面的坑洼进行铺土并填平整。

任务9.3 堤防工程质量评定标准及验收程序

9.3.1 分部工程质量评定标准

(1) 合格标准：①单元工程全部合格；②原材料及中间产品质量全部合格。

(2) 优良标准：①单元工程全部合格，其中有50%以上达到优良，主要单元工程、重要隐蔽工程及关键部位的单元工程质量优良，且未发生过质量事故；②原材料和中间产品质量全部合格。

(3) 进行分部工程质量评定时，应对工程原始施工记录、工程质量检验等资料进行核实。评定人员必须在质量等级评定意见后签名，如有保留意见应明确记载。

9.3.2 单位工程质量评定

(1) 合格标准：①分部工程质量全部合格；②原材料及中间产品质量全部合格；③外观质量得分率达到70%以上；④施工质量检验资料齐全。

(2) 优良标准：①分部工程全部合格，其中有50%以上达到优良，主要部分工程质量优良，且施工中未发生过较大及其以上质量事故；②原材料及中间产品质量全部合格，其中混凝土拌和物质量必须优良；③外观质量得分率达到85%以上；④施工质量检测资料齐全。质量监督机构在进行单位工程质量等级核定时，应结合其对本单位工程质量的监督检查过程、质量抽检及材料检查等情况进行综合评价。

9.3.3 工程项目质量评定

(1) 评定标准：①合格标准：单位工程质量全部合格。②优良标准：单位工程质量全部合格，其中有50%以上的单位工程质量优良，且主要单位工程质量优良。

(2) 质量监督机构依据上述标准，结合施工过程中对工程质量的监督情况进行综合评价，提出质量等级评定意见，由竣工验收委员会确定工程项目质量等级。

9.3.4 堤防工程验收程序

(1) 堤防工程验收：包括分部工程验收、阶段工程验收、单位工程验收和竣工验收。

(2) 验收工作按照《水利水电建设工程验收规程》(SL 223—2008) 执行。

(3) 工程验收前，项目法人应委托省级以上水行政主管部门议定的水利工程质量检测单位对工程质量进行一次抽检，工程质量抽检所需费用由项目法人支付。

(4) 工程质量检测单位应通过技术质量监督部门计量认证，不得与项目法人、监理单位、施工单位隶属同一经营实体或同一行政单位的直接管辖范围，并按有关规定提交工程质量检测报告。

(5) 工程质量检测（抽检）主要项目和数量由质量监督机构确定。

(6) 土料填筑工程质量抽检主要内容为干密度和外观尺寸，并满足以下要求：①每200m堤长至少抽检一个断面；②每个断面至少抽检2层，每层不少于3点且不得在堤防顶层取样；③每一单位工程抽检样本点数不得少于20个。

(7) 浆（干）砌石工程质量抽检主要内容为厚度、密实程度和平整度，必要时应抽检摄（图）像资料，并满足以下要求：①每2000m堤长至少抽检3点；②每个单位工程至少抽检3点。

(8) 堤防土石填筑工程量，凡超过允许值的部位均属无效方；欠填筑方量，应从标准断面中扣除；欠填筑超过允许值时，应返工处理。

(9) 混凝土预制块砌筑工程质量抽检的主要内容为预制块厚度、平整度和缝宽，并满足以下要求：①每2000m堤长至少抽检一组3点；②每个单位工程至少抽检一组。

(10) 垫层工程质量抽检主要内容为垫层厚度及垫层铺设情况，并满足以下要求：①每2000m堤长至少抽检3点；②每个单位工程至少抽检3点。

(11) 堤脚防护工程质量抽检主要内容为断面复核，并满足以下要求：①每2000m堤长至少抽检3点（3个断面）；②每个单位工程至少抽检3点（3个断面）。

(12) 混凝土防洪墙和护坡工程质量抽检的主要内容为混凝土强度，并满足以下要求：①每2000m堤长至少抽检一组，每组3个试块；②每个单位工程至少抽检一组，每组3个试块。

(13) 堤身截渗堤处理及其他工程质量抽检主要内容及方法由工程监督机构提出方案，报项目主管部门批准实施。

(14) 凡抽检不合格工程，必须按有关规定进行处理，不得进行验收，处理完毕后，由项目法人提交处理报告连同质量检测报告一并提交竣工验收委员会。

(15) 工程竣工验收时，竣工验收委员会可以根据需要对工程质量再次进行抽检，内容和方法由竣工验收委员会确定。

(16) 堤身填筑验收测量应由施工单位进行。其断面位置、测量精度与成图比例尺，应与清基填筑放样断面相一致，并绘制出设计轮廓线及堤轴线（包括沉陷超高），提供控制性轮廓点实测高程与设计高程比较表。建设单位应对上述验收资料进行抽样复测。

(17) 施工单位应按照《水利水电建设工程验收规程》中的规定提供有关资料，还应提供测量控制网布置和取土区地形图（1∶5000～1∶2000）以及控制点坐标和高程成果表。如设计规定有变形观测网，亦应提供该项资料。

任务9.4 砂质土堤质量监理要点

对于有些地区，因为受当地地质条件的限制，堤防的填筑材料很难选择黏性土料，因此可以采用砂质土料来填筑。其设计尺寸要比黏性土料填筑的堤防要大。其填筑质量管理监理要点如下：

(1) 砂质土堤堤顶、堤坡填筑应按分区设计尺寸整形削坡，吹填区整平以后按设计厚度均匀铺料，土堤包边也可随主体填筑一并完成。

(2) 包边盖顶的土质要求，迎水坡和堤顶填筑应选择黏性土，背水坡包边土质应符合设计要求。

(3) 包边土料应分层填筑压实，压实质量应符合设计干密度指标。

(4) 砂质土堤堤坡堤顶填筑单元工程质量检查项目：主要是检查所填土质应符合表9.2的规定。

表9.2　　砂质土堤堤坡堤顶填筑质量检测项目与标准

项次	检测项目	质量标准
1	铺土厚度	允许偏差－5～0cm
2	铺填宽度	允许偏差0～＋10cm
3	压实干密度	符合设计要求

(5) 砂质土堤堤坡堤顶填筑单元工程质量检测数量应符合以下规定：①铺土厚度、宽度及压实质量测点数量：包边沿堤轴线每20～30m取一个测点；②盖顶每200～400m^2取一个测点。

(6) 砂质土堤堤坡堤顶填筑单元工程质量评定标准符合以下规定：①合格标准：检查项目达到标准，铺筑厚度检测合格率不小于70％，压实度合格率不小于80％～85％；②优良标准：检查项目达到标准铺筑厚度、宽度，检测合格率不小于90％，压实干密度合格率超过80％～85％规定的5％以上。